高情商女人的自我修养

自我修养

Women with Art of Emotional Quotient

张铃玉 ◎著

北方文艺出版社

图书在版编目（CIP）数据

　　高情商女人的自我修养 / 张铃玉著 . —— 哈尔滨：

北方文艺出版社，2019.5

　　ISBN 978-7-5317-4376-7

　　Ⅰ . ①高… Ⅱ . ①张… Ⅲ . ①女性 – 情商 – 通俗读物

Ⅳ . ①B842.6–49

　　中国版本图书馆 CIP 数据核字（2018）第 278300 号

高情商女人的自我修养
Gaoqingshang Nüren De Ziwo Xiuyang

作 者 / 张铃玉

责任编辑 / 王金秋

出版发行 / 北方文艺出版社　　　　　网 址 / www.bfwy.com
邮 编 / 150080　　　　　　　　　　　经 销 / 新华书店
地 址 / 哈尔滨市南岗区林兴街 3 号　　发行电话 / 0451–85951921　 0451–85951915

印 刷 / 天津中印联印务有限公司　　　开 本 / 710×1000　 1/16
字 数 / 140 千字　　　　　　　　　　印 张 / 14
版 次 / 2019 年 5 月第 1 版　　　　　印 次 / 2019 年 5 月第 1 次印刷

书 号 / ISBN 978-7-5317-4376-7　　　定 价 / 45.00 元

前　言

　　有人说，这个世界有十分美，可若是没有女人，将失掉七分色彩；女人有十分美，可若是没有修养和智慧，同样会失掉七分。

　　对于女人来说，高情商是最重要的立身之本。女人的青春会随着时光的流逝而消逝，容颜也会随着年华的流逝而老去。然而，情商和修养却永远不会随着时光而消失，相反，它们会随着岁月的增加而日益提升，使得一个女人越来越具有魅力，并绽放出与众不同的光彩。

　　女人要独立自主，真正认清自己，不妄自菲薄，并且实现自我的真正价值。

　　女人要注意自己的一言一行，控制自己的情绪，因为女人的情商源自内心的涵养，并且主要体现在日常的待人接物上，甚至是举手投足之间。

　　女人应该有独立的人格，坚持走自己的道路，不依赖和依附任何人，既能够做个温柔的小女人，又能够做强势的大女人，并且努力实现自己的梦想和目标。

　　当然，女人的情商还表现在她们的善解人意，热情大方，不浮躁做作。她们懂得什么时候该温婉、柔情，什么时候该勇往直前、仗义执言；她们懂得说话的分寸，适时地送出赞美，让人如沐春风……正如富有智慧的女性靳羽西所说的："一个有修养、有智慧的女人会把幸福开成芬芳四溢的花园，会把苦难化成幸福点点，会把风雨转为阳光灿烂，会把苍老变成青春容颜，会让亲友相拥相暖，会让爱情甜蜜永远，会让人生没有遗憾。"总之，一个女人最大的智慧就是拥有高情商，高情商往往可以帮助女人更好地处世。

我们这本《高情商女人的自我修养》，从自主、自知、自控、自律四个方面着重指导女性朋友们如何由内而外提升自己的情商，从语言、行为、意志、心性四个方面如何修炼自己的处世智慧。

这是一本写给女性朋友的书，希望能够帮助每一位女性朋友增加自己的魅力，做一个会处世、有修养的高情商女人！

目　录

辑三
能控制好情绪的女人，才能控制人生

辑四
好好说话，是一个女人的顶级修养

辑一

独立自主，是一个女人最大的底气

高情商的女人，都有独立的思想和人格，有自己
的主见。她们清楚自己想要什么，不会被别人的言论
左右，也不会随波逐流，能坚守自己的人生观、价值
观。这些特质会潜移默化地转化成为她们的优势，让
她们在人生道路上别具风采。

世界闹闹哄哄，听自己的就好

说起麦当娜，首先出现在大家脑海的修饰词，一定是张扬和放荡，这个女人，在她的娱乐生涯中总是在不停地制造另类的新闻，让大家的目光不得不投放到她的身上。

然而，麦当娜身上也有很多可贵之处，她勇敢做自己，不在乎别人的想法和世俗的眼光。也正因为麦当娜敢于释放自我，才让她成为一个不可超越、不可模拟的"歌坛女王"。

麦当娜并不是出身于富有家庭的大家闺秀，父亲虽然是一个工程师，但是家里有八个子女要他抚养，麦当娜是家里的长女，所以很自然地做起了照顾弟弟妹妹的事情。原本在穷苦家庭出来的女孩子都是乖巧听话的，然而，麦当娜却是一个另类。

她脑海中想的，就是做自己喜欢的事情。她喜欢舞蹈，在5岁的时候，就听着唱片学跳舞。她在舞蹈班训练的时候，因为不喜欢那种传统的舞蹈服装，她居然按照自己喜欢的样式将衣服从中间剪开，然后穿着别上别针的衣服出现在大家面前，那些惊异的目光在麦当娜眼里只是另类的赞赏，她高唱着"我喜欢"的调子，我行我素地行走在尘世间。

"你是麦当娜，如果你不喜欢这样，就按照你喜欢的方式去做吧。"这样的话，从来没有从麦当娜的脑海中消失过，她总是做着真实的自己。

然而，随着年龄的增长和心理的成熟，麦当娜渐渐觉得回头率并不是她真正想要的，她重新选择自己想做的事情。从前在燃烧着的十字架面前跳舞的女孩以一个"慈母"的形象出现在大家面前，然而，不管前后的反差多大，麦当娜都是在做自己想做的事情。她的身上总是有着强烈的自信。

不可否认的是，不管以什么样的形象出现在大众面前，麦当娜永远是优雅而迷人的。

事实上，很多人喜欢麦当娜，欣赏麦当娜，正是因为她选择做真实的自己。无论什么时候，她都不会委曲求全，她不畏惧世俗的眼光，不畏惧那些条条框框的束缚，她一心做自己想做的事，并坚信自己可以做好。而这种思想和内涵，形成一种独特的魅力，让人感觉到她的坚定与不凡。

生活赋予女人很多的角色，职场女性、母亲、妻子、女儿，所以女人需要肩负很多很多的责任，应付很多很多的问题。慢慢地，很多女人平衡了各种关系，做好了母亲、妻子，成了一名职场丽人，却忽视了自己内心最想要的是什么，于是不少女人在生活中过着"违背内心的生活"。何谓"违背内心"呢？并不喜欢那个男人，但还是勉勉强强地与之结婚生子，生活在一起；很厌恶自己目前从事的工作，却又不能摆脱；明明内心苦闷不已，压抑和烦闷占据了内心，却还要坚持每天笑脸迎人……她们的生活毫无乐趣可言，有的只是煎熬和挣扎，活得特别累！

女人要学会做自己，听从自己。只有充分地爱自己，才能爱别人和这个世界，然后获得想要的幸福。

王菲是一个追求自我的女人，她的选择从来不会受外界的影响，用一个词来形容那就是：我行我素。

在音乐上，王菲之所以能够有如此成就，除了天赋、运气、努力，还有重要的一点，那就是她知道自己想要什么，并且坚持做自己。她的音乐有自己的特色，不模仿任何人，也不跟随什么潮流、风向。她的音乐是独一无二的，虽然很多人都模仿过她的歌，但是却没有任何人能够模仿出她音乐的气质。

在生活上，她一直都在追求自我，活得特立独行。虽然她不是世俗眼中的好母亲、好妻子，却活出了所有女人都羡慕的样子——自信、骄傲、只做自己，并且从不委屈自己。当爱情来临的时候，她勇敢与谢霆锋牵手，谈了一场轰轰烈烈的恋爱。当爱情散去时，又痛快地放手，没有丝毫的抱怨，然后全身而退。

之后，王菲选择了成熟稳重的李亚鹏，并且与其走进婚姻殿堂，生下了可爱的宝宝。虽然宝宝有一些缺陷，但是她过起了自己的幸福生活——几乎全面停止工作，专心过起小女人的日子，居家、带娃、读经，偶尔为以女儿名字命名的慈善基金忙碌。当发现两人的个性、生活方式、思想理念有出入的时候，王菲再一次选择结束自己的婚姻，完全不顾外界是如何看、如何想。

王菲时常说自己是一个糊涂的女人，不在乎生活的小节，可事实上，她在人生大方向上，却一直保持着清醒。不管什么时候，她都清醒地掌控着自己的人生，只听自己，绝不委屈自己。而她也是最幸福、最令人羡慕的女人。

所以，女人必须要读懂自己的内心，知道自己想要什么，找到喜欢并适合自己的东西，遵循自己的内心生活。

你可能没有娇美的容颜，可能没有华丽的服饰，可能没有婀娜的身姿，但只要你能时常听听内心的声音，做自己真正喜欢的事情，协调好自己的内在和外在，那么你所到之处，举手投足、一颦一笑都会流露出一抹散不去的生命馨香；你的周身会散发出无人可比的大气，就像磁石一样吸引着每一个遇到你的人，给人一种扣人心弦的美。

记住，即便世界闹闹哄哄，你只要听自己的就好。不要想去讨好世界，也不要理什么是非，活出理想中的自我，你就是幸福的女人。

不谈恋爱死不了，脱贫比脱单更重要

几年前，雨菲回家必然会经历一件事情，那就是被催婚。先是父母的唠叨，然后就是三姑六婆的劝告，后来就是争相给她介绍对象，"你今年27岁了，再不结婚，好男人都被挑走了""别的同学都结婚生子了，为什么偏偏你剩下""有什么挑挑拣拣的，结婚以后可以慢慢培养感情"……

一次，雨菲又在姑姑的安排下相亲了，且对方对她印象还不错。这天，雨菲一下班，对方便西装革履地等在单位楼下。

见雨菲出来，他笑着走上前问："给你打电话怎么也不接？我们晚上一起吃个饭吧？"

雨菲一笑，抱歉地说："对不起，今天有约。"说罢挽起同事的胳膊，踩着高跟鞋走远了。

同事望着雨菲，询问这是怎么回事。

雨菲抿起嘴苦笑："这就是前几天姑姑介绍的相亲对象，一直死缠烂打。"

同事笑着问："小伙子长得挺帅，不考虑一下吗？"

雨菲摆摆手，只说了四个字："三观不合。"

同事忍不住问："你不着急吗？"

雨菲哈哈一笑："虽然真的是'剩女'，虽然一直被父母催婚，亲朋好友也催着相亲，但是我不会选择一个不爱的人，只是为了结婚而恋爱。如果遇到合适的就开始，如果遇不到我也不会着急，相反我觉得在遇到自己真正喜欢的人之前，我应该先想办法脱贫，让自己变得更加出色，然后以最美的姿态，等待那个对的人出现。"

雨菲是这样说的，也是这样做的。这几年，她努力地工作，从一开始的每月2000元工资的小编辑，成为年薪50万的编辑部主任，住着180平方米的大房子，开着几十万的车，靠自己买包买鞋坦荡地过着单身生活。为了追求苗条的身材，她每周去3次健身房，有时跳跳健美操，有时做瑜伽。为了满足对甜品的嗜好，她将烤箱、料理机、蒸汽锅等琳琅满目的厨房神器一样一样搬回家，手机下载了一堆美食App。办公室的下午茶时间，从此有了她的甜品专场。朋友们一边吃一边啧啧称赞，她在一旁眯着眼，微微笑。那一刻，所有认识她的朋友都由衷地感叹，雨菲这样的姑娘真的很美。

事实证明，如此优秀、美丽的姑娘，很快就能迎来属于自己的美好爱情。前段时间，30岁的雨菲风光大嫁，美煞旁人。她的先生长她两岁，是一位高大帅气、小有名气的甜品店老板，两人在飞机上认识，因为座位挨在一起，简单聊了几句，居然发现两个人都是甜品爱好者，之后的发展水到渠成。

我们时常说：你若盛开，蝴蝶自来。当一个女人活出属于自己的精彩，那爱情自然会翩翩而来。

现实生活中，很多女孩子会被催婚，面对来自家人、同事，乃至整个社会的压力，她们开始动摇，开始怀疑自己的坚持，甚至因为自己"嫁不出去"而感到羞愧。然而，因为别人催婚而选择不爱的人，为了结婚而结婚，就真的会幸福吗？

答案是否定的！对于一个"大龄剩女"来说，被催婚其实真的不可怕，可怕的是，你觉得别人说的都是对的。如此，你就会把自己的人生和幸福交到别人手中，就会因为遵从世俗而失去了自我。这样的生活怎么会幸福呢？！

在这里我不想灌鸡汤，也不想怂恿什么，更不是鼓励大家拒绝父母安排的相亲，而是希望你们不要因为焦急而慌忙地走入婚姻。即便真的被"剩下"，如此美好的年岁，也应该好好地过，享受生活的五彩缤纷。即使遇到一个条件不错的人，也依然要有让自己变好的动力。

几年前，看过一部外国电影《意》：一个叫玫瑰的漂亮女人，是过气的夜总会歌手，她不知道自己想要什么，每天几乎什么都不干，只是在各种爱情里辗转。从年轻时，到不再年轻时，她仿佛一叶漂浮在大海上的浮萍一般，每天都活得浑浑噩噩，每一次遇到新男人，她都希望能跟着"上岸"，却一次次被背叛、欺骗、抛弃。

玫瑰的容颜在褪色，再也留不住男人的心，一生就这样耗没了，最终资源、地位、事业、房子、钱统统为零，小情人甚至喜欢上了自己的女儿。她一无所有，又走投无路，只有自杀。

玫瑰的故事是一个悲剧，可这悲剧的源头恰好是她自己。她渴望爱情，希望通过爱自己的人过上幸福的生活，希望为自己的下半辈子找一个依靠。可在这个过程中，她却没有意识到，任何人都是靠不住的，唯一可靠的只有她自己。

现实中不少女人与玫瑰如出一辙，她们没有自己的思考能力，什么都等着别人来安排。她们理所当然地认为，女人就该像电视剧里的单纯可爱的女主角一样，只等着男人来守护。而如此没有自我的女人往往最容易遇人不淑，最终的结局也往往是丧失所有！

恋爱也好，结婚也好，从来都没有那么纯粹。一段感情能否持久与牢固，很大程度上，是两人之间的一种博弈，势均力敌者方能走到最后。势均力敌不仅仅体现在身家、背景，更体现在两人的能力、性格、思想上。你要做好自己，让自己活得更精彩，才能赢得匹配的爱情。否则，你只能沦为别人的附属品，最后落得被抛弃的下场。

　　所以，女性朋友们，千万别因急于脱单而刻意谈婚论嫁，也不要怕承受别人异样的目光，让自己做违心的选择。先把脱贫作为第一位，想清楚自己想要什么，然后不断花时间提升自己，从内到外，让自己努力变得更加独立、自信、优秀。这样一来，你的人生才能绽放出不一样的光彩，一份美好的爱情才能向你走来。

活给自己看，才是女人该有的模样

一位西方作家说："每一阵批评的风都会把我们吹得不知去向。"没错，很多人太在意别人对自己的评价，因为别人的一句话而失去了做自己的勇气，甚至刻意改变自己。他们永远活在别人眼里，凡事都是做给别人看的，因此也始终无法找到真正的自我。

有个女孩名叫小雅，是个非常出色的人，以很好的成绩考入了清华大学。可是，她却因为别人的评价而感到迷茫，于是便找心理咨询老师请教。

面对这位老师，她满脸愁苦地问："老师，有人称赞我是天才，能凭借自己的努力考入清华，将来肯定有一番作为；也有人骂我是笨蛋，说我只不过是一个书呆子，不会有多大的出息。那您说我到底是天才，还是笨蛋呢？"

老师没有正面回答小雅的问题，而是反问道："你是如何看待自己的？"

"我……"小雅一脸茫然，不知如何回答。

"你相信你是天才，你就是天才；你相信你是笨蛋，你就是笨蛋。"这位老师耐心地解释道，"无论有人抬高你，还是有人贬低你，你就是你，你究竟是怎样的，取决于你怎么对待自己，怎样努力。"

女人大多是敏感的，这让她们善于观察他人的一举一动、一言一行，也因此，女人特别在意别人的看法和眼光，不管做什么事情都要考虑一下别人会怎么看。这并不意味着我们做什么事情都必须以别人的看法为准，做什么事情都要征求别人的意见。一旦我们被别人的批评或是赞美乱了心神，那么就会被困其中，难以认清自己的本意，甚至是生活在别人的思想里，完全失去自我。

在人生道路上，我们总会觉得某些人很重要，刻意地逢迎，因为他们的一句话而改变自己。可等到走远了之后才发现，真正对你重要的人也就那么寥寥几个，许多人不过是匆匆过客，甚至是擦肩而过的陌路人，那么你为什么要让自己的生活受这些人影响呢？

更何况，每个人的经历不同、性格不同，思想也大不一样，即使你再怎么努力，也不可能让每个人都满意。当你话多的时候，别人说你不懂得矜持；当你话少的时候，别人又批评你太过于孤傲……既然如此，你又何必按照别人的看法为人处世呢？

麦克阿瑟将军的故事很多人都有耳闻。据说他刚当上军官时，心里很高兴。每当行军的时候，他总是走在队伍的最后面，以便更好地监督士兵们。

有一次在行军途中，旁边的人取笑他说："麦克阿瑟哪里像个军官呀，倒是像一个放牧的。一个像羊倌一样的军官指挥着一群绵羊，这样的部队能打胜仗才怪。"听了这话，麦克阿瑟觉得虽然人家的话不好听，却不无道理，于是走到了队伍的中间。

可是这一次又有人议论："麦克阿瑟真是个胆小鬼，不配做军官。这种只会躲到队伍里面的军官，怎么能让士兵信服呢？"

麦克阿瑟听到了，又走到了队伍的最前面。然而，他还是能听到这样的议论："你们瞧，麦克阿瑟还没带兵打过一次胜仗，就这么高傲地走到队伍最前头，真是不知道害臊！"

听到这里，麦克阿瑟终于明白：我不管怎么做都不可能让所有人满意，再这样下去恐怕我连走路都不会了，我还是走好自己的路吧！从此，麦克阿瑟不再顾及他人的评价，而是想怎么走就怎么走。最后，他凭借出色的作战指挥能力成为卓越的指挥官。

可见，坚持自我，不在意别人的批评和指责，才能做好自己。女性朋友们请记住，生活是自己的，活给自己看，这才是最舒服的事情。

每个人都有专属于自己的人生路，如何行走，周围的人只能给你意见。你只需有好的辨别能力，做出最利于自己的选择即可。走一条什么样的路，走多远的路，走路时的姿态以及走路时的心情，全然由我们自己来控制。

当别人告诉你，你应该怎么做，你不应该怎么做时，不妨先问问自己的内心："我是怎么想的？""我这样是发自内心的吗？"然后按照自己真正的想法去做，而不去管别人是否肯定，是否认可。只要你相信自己的选择，那么就义无反顾地做吧！

当你充分发挥自身潜力和优势时，也就成就了最好的自己。

不必追随潮流，坚定地做自己

人们常说，"没有两片完全相同的树叶"，人也是如此。没有两个女人拥有完全一样的个性，也没有两个女人拥有完全一样的气质。一个女人想要获得成功和幸福，必须要坚持自我，不能盲目地听从他人的意见，也不能固守在过去的经验和成见中。

戴安娜王妃就是这样的一个女人。她之所以深受人们的喜欢和尊敬，在那么多的王室贵族中脱颖而出，依靠的不只是她的美貌，还有她那种不甘随大流的人生态度。

1981年的那场世纪婚礼，就像一个幸福的标志一样刻在每个英国人的心中，戴安娜王妃和查尔斯王子的婚礼就像"灰姑娘"童话在现实生活中的真实场景，所有人都为这对郎才女貌的新人祝福。然而，这对世人瞩目的夫妻，却选择了同样轰轰烈烈的方式离婚。

在遇见查尔斯王子之前，戴安娜只是一个无忧无虑的少女，她喜欢自由和浪漫，像所有的普通女孩子一样，希望能遇见一个和自己相亲相爱的男人，这个男人能给自己一个浪漫温馨的家庭。

所以，当她19岁那年，遇见查尔斯王子的时候，年轻的戴安娜以为自己遇见了幸福。她答应了他的求婚，成了他的王妃，大英帝国皇室成员中的一员。这时候的戴安娜是幸福的，因为她被自己身边的丈夫所深深地迷恋，她也强烈地爱着这位皇室的继承人。

然而，婚后的生活与戴安娜的想象完全背道而驰：她的王妃身份，让她从一个普通的少女，一夜之间成为众多媒体争相报道的焦点，她的行为和穿着已经不只是她个人的事情，还关系到王室的形象。她再也没有自由可言，在一次次的顺从中，彻底失去了自己的个性。她再也不是戴安娜，而是王室的某某，和那些身份尊贵的王室贵妇一样，只是一种权势的代表，这是戴安娜不能接受的。

令戴安娜更不能接受的是查尔斯王子对她和对婚姻的态度。这个她心爱的男人，和婚前的那个男人已经完全不能相提并论了。他不忠诚于自己的婚姻和妻子，他没有对自己的妻子表现出关心和爱，甚至只是将戴安娜当成了生养下一代皇室继承人的女人，这是戴安娜结婚之前想不到的。

戴安娜不能容忍自己被这样对待，不能在这样的王室中失去自己的个性，不能在这种不和谐、不平等的婚姻中失去自我。于是，这个美貌的女人勇敢地向王室发出了战书。从此，戴安娜不再服从王室的安排，她走自己的路，选择自己喜欢的衣着，迈自己认为舒服的步子，她不再把自己拘束在一个囚笼里，而是振翅而飞。

也许，最初戴安娜成为受人瞩目的焦点是因为她在一夜之间成了英国的王妃，但是当她决定和王室的规矩背道而驰的时候，戴安娜被人追捧的原因已经不是那个高贵的头衔，而是她的个性了。正是她的勇敢反抗，让这个叛逆的王妃永远成为焦点，即使是在和查尔斯王子离婚之后，戴安娜依旧是人们尊敬的王妃。

现实生活中很多女人也想要追求个性，然而，很多时候她们却错误地理解了个性的概念。她们以为紧跟时尚潮流就是个性，殊不知，这不仅没有真正地体现出她们的个性，反而把她们的个性都掩盖住了，将她们拉近了庸俗。

要知道，潮流和时尚并不一定就适合你，因为每个女人都不一样，每个人的思想也不一样。你是独一无二的，只有发掘属于自己的想法，寻找适合自己个性、内心的东西，这才是真正的个性。

所以，女人必须内心坚定，不必跟随任何人，也不必模仿任何人。这是因为每个人的魅力都是独一无二，不可复制的，不管你的模仿秀是多么惟妙惟肖，你都不可能成为下一个她。若是你模仿得不伦不类的话，就会成为东施效颦了。

坚定自我，不盲目追随潮流，坚持自己的个性。当你拥有自己的做事原则和风格，你就是个优秀的女人。

靠人不如靠己，不把命运交给别人

很多女人认为自己天生就是弱者，所以习惯依靠别人。结婚前依靠父母，一旦遇到困难便想要寻求父母的帮助，以至于已经成年了还脱离不了家庭的保护；结婚之后，她们依靠的对象变成了丈夫，把自己的命运全部都交付到一个男人手中。

可是，依靠别人真的能让她们获得幸福吗？当然不能。或许父母、爱人能够给你支持和帮助，但是这种支持和帮助不是永远的。一旦你孤身一人陷入困境的时候，就会难以自救。

要知道，一个人的幸福不是任何人能够给予的，一个人的命运也不是任何人能够主宰的。作为女人，你要相信幸福是需要你一手打造的。靠人不如靠己，一个不依靠别人的女人，才能主宰自己的命运。

伊万卡·特朗普是美国房地产大王唐纳德·特朗普的女儿，是家族巨额财富的继承者之一，可谓含着"金勺子"出生的。但她从小坚持打工挣零花钱，除了父母提供的生活费和教育费外，其他一切开支都是自掏腰包。

凭着高挑的身材和靓丽的外表以及自身的努力，伊万卡成为一名活跃在演艺圈和商界的女强人，曾连续两年登上福布斯杂志未婚女富豪排行榜榜首。再后来，伊万卡与大她一岁的名门公子贾瑞德·库什纳喜结连理，在父亲的"特朗普集团"中担任副总裁，在美国著名的真人秀《名人学徒》中担任主持人，令众人艳羡不已。

伊万卡·特朗普的父亲是一代富豪，丈夫是名门公子。然而，她依靠别人了吗？没有，她也根本不用，她不需要通过父亲和丈夫来确认自己的身份，因为她本身就是一个成功的人。她有自己的经济基础，有自己的生活态度，就像一朵永不凋谢的花灿烂地盛开在人生道路上。

女人要记住，命运就像掌纹一样，无论多么曲折，不管什么时候，都掌握在自己手中。

曾经有人说过这样一句话："没有独立的人格，就没有真正的幸福。"没错，没有独立思想的女人是悲哀的，她们就像被关在笼子里的小鸟，即便有一天笼子的门打开了，她们也不会飞出多远，甚至有的只会站在笼子口向外张望，根本不会走到笼子外面去寻求新的世界。

那些没有独立思想的女人，心甘情愿地做一个等待被别人赐福的人，她们始终无法明白，生活从不因为你是女孩就会对你怜香惜玉，人生起起落落无法预料，光想着依靠别人注定失败。所以，那些无法自立的女人始终无法逃离悲惨的命运，走不出困住自己的牢笼。

可悲的是，有些女人有能力、有美貌，却没有独立的人格。她们认为只有依靠男人，才能获得幸福，认为只有男人才能拯救自己，结果却只能落得悲惨的下场。

阮玲玉是中国电影界红极一时的影星，她在幼年的时候就没有了父亲，与做用人的母亲相依为命。

在16岁那年，阮玲玉和主人家的少爷张达民相爱了，张家人极力反对此事，赶走了这对母女。张达民却瞒着家里，将走投无路的阮玲玉母女安排在北四川路鸿庆坊暂时落脚。随后，单纯又渴望安定的阮玲玉与张达民同居，并主动退学，将自己的命运交给了这位玩世不恭的少爷。

阮玲玉天资聪颖，非常喜欢演戏，很快在电影事业上发展起来，成为炙手可热的当红影星。张达民却不务正业，沉迷于赌博，把家产败光后，将阮玲玉当成了自己的摇钱树。阮玲玉几番劝说，张达民却不思悔改。最终，阮玲玉忍无可忍，和张达民分手。

这时，茶叶大王唐季珊走入了阮玲玉的生活。唐季珊是个情场高手，很早就垂涎阮玲玉的美色和名气了，只是碍于张达民，一直找不到接近她的机会。现在，他以一种体贴多情、阔绰开明的姿态向阮玲玉发起了猛烈的攻势。

很快，阮玲玉就成为唐季珊豪门公寓中的一只金丝雀，搬到其上海新闸路的一栋三层小洋楼同居，而且对唐季珊言听计从。但是，当《新女性》这个电影公映之后，阮玲玉受到了社会舆论的攻击。张达民趁机用旧情对她进行敲诈，还弄了一帮小报记者无事生非，导致阮玲玉名誉受损。与此同时，处于水深火热之中的阮玲玉还受到了唐季珊的冷遇和责备，他在外面还有了新的相好。

由于张达民的无赖和唐季珊的不忠，阮玲玉再次失去了感情的寄托和身心依靠。于是，她找到《新女性》的导演蔡楚风，希望能够得到帮助，一起离开上海这个是非之地。蔡楚风并不愿意承担这样的风险，拒绝了阮玲玉的请求。这时，阮玲玉伤心透顶，她觉得身边的每一个男人都让她感到失望，于是在绝望之中把几十颗安眠药放入八宝粥里，结束了自己年仅25岁的生命。

一代影后就这样离开了令她感到失望的世界。其实，以阮玲玉当时的名声和地位，在经济上是可以独立的。但是，令人叹息的是，她在精神上始终接受着男性世界的奴役，将自己的命运完全寄托在了男人的身上。这种在精神上不能独立的女人，她的一切成功都将成为空中楼阁。

靠人不如靠己，这是一个独立的高情商女性应有的觉悟。她们不会将自己的命运完全交托给别人，想要的幸福和快乐，想要的事业和爱情，都会自己去争取和创造。

就如同李彦宏所说："命运是一个人一生所走完的路，是一个人用一辈子所完成的作业。有的人认为，命运是天注定的，是不可改变的。但在我看来，命运不过是人生的方向盘，驶往哪个方向，它掌握在每个人自己的手中。"

　　总之，不论什么时候，女人都一定要学会独立，掌握自己人生的方向盘，而不是把命运交给别人。

给自己一个独立思考的时间和空间

有人说过："不要放弃每一个独立思考的机会，你需要通过自己的思考做出抉择。"事实上，只要我们仔细观察就可以发现，那些在某一方面取得成功的女人，往往都是能够独立思考的人，懂得如何给自己一个独立思考的时间和空间。而那些生活得平庸、困顿的女人，总是因为种种原因而放弃了独立思考的机会。

举个例子：对于职业女性来说，上班时要工作，下班后要照顾老公、孩子，几乎是公司、家两点一线，没有自己的空间和时间。于是，忙碌的工作、琐碎的生活，使很多女性忽视了独立思考，甚至丧失了独立思考的能力，慢慢地习惯迎合他人、人云亦云。

可是，不管是职场成功女性，还是能干的家庭主妇，她们就不用思考了吗？当然不是，若是如此，这些女性便会成为工作和生活的奴隶，失去真正的自己。

其实，女人更离不开思考，思考是她获得成长和成功的重要途径。因为忙于工作和家庭，女人留给自己的时间有限，所以更要学会充分利用时机思考。如此一来，我们的生活才不会越来越荒芜、无趣，才能盛开更美丽的鲜花。

晓茜在香港一家外企做行政工作，而她的男朋友则在深圳工作。后来，晓茜觉得异地恋太辛苦，也受不了男朋友不在自己身边，于是便放弃了自己的工作，赶到深圳。

但晓茜很快发现，两个人的朝夕相处并没有让她感到快乐，反而让她感到越来越窒息，有一次还为了一件鸡毛蒜皮的小事和男朋友大吵了一架。

晓茜给自己最好的朋友打电话，讲了最近自己的心结，问是不是自己不该来深圳。好朋友问她："你是不是自从到了深圳，就一天不落地跟男朋友在一起？""那当然啦，我来是为什么来着！"晓茜回答得十分痛快。

好朋友说："那就对了，这是你内心深处的自己在抗议呢，怪你不留一点时间给自己。女人也要有自己的时间和空间，要有独立思考的能力。你这样下去，不仅会失去了自己的自由，还会丧失了独立思考的能力，失去了真正的自我。这样一来，你觉得生活还能继续美好下去吗？"

晓茜一下子清醒了。是啊，之前自己一个人生活，需要处理很多问题，需要思考很多东西。可是现在自己却完全依赖男朋友，丧失了自由和思考，若是自己不做改变，恐怕后果更加严重，也会让生活变得像一潭死水，没有了生机。

晓茜是个聪明的姑娘，找到症结之后，就开始改变。晓茜先是留出属于自己的时间，摆脱了对男朋友的完全依赖。接着，她开始独立思考，利用空闲的时间来反思自己，思考如何提高自己，如何增进与男朋友之间的感情……很快，晓茜又变回了那个独立、爽快的姑娘，且工作和爱情都变得越来越好。

在当今这个社会，一个没有独立思考能力、不能独当一面的女人，是没有什么前途和幸福可言的。试想，如果你连自己想要什么都不知道，应该做什么、坚持什么都弄不明白，只能依赖他人、跟随他人，那么如何能获得成功和幸福呢？

正如齐白石老人教导弟子时说的那样："学我者生，似我者死。"这一生一死，是对独立思考形成的独特画风的一种肯定和赞扬。可令人懊恼的是，人就是容易被别人影响，容易丧失独立思考能力。虽然人们自认为自己的选择是自身意识的体现，但事实上，很多时候你已经在不知不觉中陷入了盲从之中。

所以，想要赢得成功，就要学着做一个独立的女人，给自己一个独立思考的时间和空间。

也许对于很多女性来说，自由的时间是很"奢侈"的，但却是必需的。给自己一点时间和空间，静静地思考，让自己的心灵和精神得到栖息，这是给自己最好的礼物。如此一来，你才能找到属于自己的位置，并且赢得成功的机会。

清醒而自知，是一个女人光而不耀的修养

情商高是什么？不是精明，而是有自知和知人之明。知人者智，自知者明。高情商的女人既不会低看自己，也不会高估别人，她们清楚自己的优势与劣势，擅长发挥最大的优势，也能很好地规避劣势，并且懂得寻找最合适的人优势互补，资源整合。虽然有光芒，却不那么耀眼，才更有能力创造更好的生活。

爱自己，从内心接纳真正的自己

一个双目失明的女人，从小为自己的这一缺陷而自卑不已。她总觉得因为这个缺点，自己以后肯定一事无成，所以整天浑浑噩噩地生活。

后来，她遇到一位智者。智者对她说了这样一番话："上帝是不会把所有的好处都给一个人的，给了你美貌，就不肯给你智慧；给了你金钱，就不肯给你健康；给了你天才，就一定要搭配点苦难……世上每一个人都是被上帝咬过一口的苹果，我们都是有缺陷的人，有的人缺陷比较大，是因为上帝特别喜欢她的芬芳，多咬了一些。"

听了智者的话，她顿时醒悟：原来每一个人都有不足，不光自己有缺陷。从此，她不再自卑于失明，而是将这看作上帝对自己的特别关爱。

她振作了起来，跟着镇上的一位盲人师傅学习按摩。经过一番努力，她成了远近闻名的优秀按摩师，为许多人解除病痛的折磨，受到很多人的尊重。

很多时候，一个女人过得好不好，与长相、家庭背景、工作单位、财产状况等都没有太多关系，而在于她能否发自内心地接受完整的自己，能不能带着愉悦的心情接受自己所有的优点和缺点。这个世界上没有谁是没有缺点的，只要你相信自己，努力做好自己，那么你就是最美的。

琳琳是一个很不错的女孩，长得很漂亮，性格也很好，唯一不足的是个子很矮，大概不到155厘米。为此，琳琳经常觉得自卑，直到她看到上面那个失明女人的故事，想到那个失明的女人能够做好自己，为什么她却要因为身高而自卑呢？

从此，琳琳开始真正认识自己，发掘自己身上的优势。她发现自己还算聪明，从小到大学习成绩都不错；她发现自己热情、乐于助人，所以人缘非常好；她还发现自己身上有坚强、踏实、认真的品格……慢慢地，她变得越来越自信了。

琳琳毕业后，她自信地奔波于人才市场，最终找到了一份非常不错的工作，还顺利地找到了一位如意郎君。现在，当别人说她个矮时，她还自嘲地说自己是"被上帝咬过的苹果"，然后大方地承认自己的不足。

我们都知道，法国罗浮宫镇馆之宝有三件都是关于女人的，且都是不完美的女人。

永恒的蒙娜丽莎，她唇边似有若无的微笑扣动着无数人的心弦，可惜，你完全不知道她在笑什么，你休想与她沟通。

美丽的断臂维纳斯，裸露的美背赢得无数人的赞叹，可惜，却双臂断裂，谁也不知道她究竟在做什么。

带翼的胜利女神，飘摇的姿态和美妙的衣褶让无数人幻想她的面容，可惜，她没有头，你根本不知道她在风中飞舞时的表情。

这三个不完美的女人，因为有自己独特的美，才吸引了无数人的目光。

但在现实生活中，很多女性却自卑于自己的不完美，因为一星半点的瑕疵，就烦恼或消沉，使自己变得痛苦不堪。

大学的时候，我参加过一场大型的社团招新演讲，每一个新社员都会进行自我介绍。我记得其中一个女孩，瘦瘦高高的，长得很清秀，自我介绍大大方方，表现得非常完美。当她讲完之后，台下所有人都报以热烈的掌声。

此时，一位学姐偷偷告诉我，这个姑娘什么都好，唯一不足的就是过于追求完美。

"追求完美没有错啊。"我反驳说。

学姐接着说道："你没有跟她接触过，她是太过于追求完美了。有一次，我让她做一个演讲PPT，因为太追求完美，她总是不满意，来来回回调整，反反复复修改，一直到交给我还纠结于某个词用得不够好。你都想不到她每一次自责的样子，都几乎崩溃，大家怎么劝都没有用，尽管她做得已经很好了。"

后来，我听说那个女孩退出社团了，因为她无法容忍自己每一次做出来的事情不够好——事实上，那些不过是一些无关紧要的小瑕疵，比如不经意说错的一句话，文稿中不太恰当的用词。这些都能让她陷入自我怀疑的状态，难以自拔。

这个女孩为了追求完美，不断为自己设定标准，施加压力，可在这个过程中，她对自己更加不满意，甚至越来越失望，忧郁也就越来越严重。

作为女子，我们实在没有必要过于苛求自己，追求所谓的完美，而应学会从内心接纳真正的自己，正确看待自己的缺点。欣然地接受自己现实中的状况，才会得到最真实的快乐、最踏实的幸福，而这也是一个高情商女人的基本素养。

请相信，你的一切都刚刚好。

相信每朵花都有盛开的理由

　　她一直渴望成为演唱家。可惜，在外人看来，她并不具备成为演唱家的条件，因为她长了一张不好看的大嘴和一口龅牙。

　　第一次在夜总会登台演出的时候，她刻意地用自己的上唇掩饰牙齿，希望别人不会注意到她的龅牙而专心听歌。结果，台下的观众看她滑稽的样子不禁大笑。

　　下台后，一位观众对她说："我很欣赏你的歌唱才华，也知道你刚刚在台上想要掩饰什么，你怕别人嘲笑你的龅牙对吗？"女孩听后一脸尴尬。接着，他又说："龅牙怎么了？你没有发现因为它你变得与众不同了吗？别再为此自卑了，尽情地展现你的才华吧。也许，你的牙齿还能够给你带来好运呢！"

　　听了这位观众的忠告，女孩不再自卑于自己的龅牙，每天都带着最灿烂的微笑，唱歌的时候总是尽情地张开嘴巴，把所有的情绪都融入歌声中。最后，她的名字——凯茜·桃莉享誉电影界和广播界，很多人甚至迷上了她那看起来非常亲切的龅牙。

　　或许单从容貌来看，凯茜·桃莉确实不够美，还存在着小缺陷，但是因为她相信自己，欣赏自己，她最终实现了梦想，赢得了他人的欢迎和尊重。她之所以获得成功，是因为她不再自卑于自己的龅牙，而是开始学着欣赏自己的美丽，尽情地投入到演唱之中。

　　事实上，很多女人生活不幸的一个关键原因就是她们太过挑剔自己，不懂得欣赏自己。自己长了一张圆脸，偏偏想要瓜子脸；自己的身材丰满，偏偏想要苗条的身段；自己长了一张小嘴，却偏偏喜欢朱莉亚·罗伯茨那样性感的大嘴……

　　美与丑在很多时候只不过是相对的，真正决定我们生活好坏的是我们对待自己的那份态度。当你对自己表现出否定和抗拒时，自信和热情就被消磨掉，你只会陷入烦恼中。而当我们学会欣赏自己，肯定自己时，即使没有姣好的外表，或存在着一些小缺陷，也能够绽放出与众不同的风采，吸引和打动身边的人。

　　说到这里，我想起上高中的表妹。她原本是个爱笑爱闹的小姑娘，可最近却情绪非常低落，时常皱着眉头，无精打采，和之前简直判若两人。家人问她出了什么问题，她却欲言又止，着实让人着急。

　　由于我和表妹关系不错，家人便让我询问其缘由。在学校门口见到她，表妹果然情绪不高，我半开玩笑地问道："瞧，谁得罪我们家可爱的小美女了？"

表妹似乎难过里夹杂着委屈，撇着嘴，难过地说："班里有同学说我长得丑，表姐，你觉得呢？我有那么丑吗？！"说完，眼泪就流出来了。

表妹今年刚上高一，不胖不矮，不白不黑，短头发，戴一副眼镜。算不上特别漂亮，却也算清秀，根本不能说丑。虽然脸上有点雀斑，但青春期的女孩大都如此，只要在打扮上花点心思也就不是事了。

表妹委屈地说："有时站在镜子前，我自己都觉得自己丑，皮肤不够白，嘴巴有点大，还有雀斑……我现在真的很讨厌去班级里上课，因为我很担心被同学们嘲笑。"她越说越委屈，最后泣不成声。

我一边给她擦眼泪，一边安慰地说："容貌是不可以选择的，就像你不能选择你的出身和父母一样。没有哪个女孩希望自己丑，但实际上人没有绝对的美丑之分，我觉得你很漂亮啊。你瞧，你虽然是短头发，但这样看起来多利索、多精神。虽然你脸上有雀斑，但这样显得你更可爱、自然……

"每朵花都有自己的花期，各有各的美。玫瑰花娇艳，牡丹花华贵，菊花淡雅，丁香花清丽，关键在于我们是否懂得欣赏它的美。同样，我们女人也是如此。只有我们学会欣赏自己，才会发现自己的美丽，才能尽情地绽放自己的美。"

接下来，我给表妹讲了美剧《丑女贝蒂》的故事，告诉她："贝蒂起初相貌平平，牙齿长得不好看，但她热情善良，有头脑，又努力，她获得了许多人的喜欢，最终在事业上取得成功。后来，贝蒂摘掉牙套，开始打扮自己，成了内外兼修的大美人。现在你要以学业为重，充实自己的心灵，等毕业了，我教你打扮，你会更好看的！"

听了我的话，表妹脸上渐渐有了笑容。

现实中，情商不高的女人大多不够自信，一味地嫌弃自己这儿，嫌弃自己那儿，永远跟自己过不去。可是，一个人若是不能相信自己，并且尝试寻找自己的美丽，那么永远也无法获得快乐，无法让自己变得更优秀。

诚然，学会欣赏自己要比欣赏别人困难很多。这是因为对自己的欣赏，比对他人的欣赏需要更多的胆识和勇气，需要具备更加锐利的眼光和更大的耐心和毅力。

这世间虽有千般好，但唯你最珍贵，因为我们每个人身上都有属于自己的亮点：也许你的眼睛不是双眼皮，但你的身材很棒；你的牙齿不够好看，但你的皮肤很白嫩。就算你相貌真的不好看，可是你有智慧，有思想，有温柔的性格，这都是你宝贵的财富呀！懂得欣赏自己实际上是情商高的体现，它意味着对自己的尊重与认可，这也是成就自己的前提条件。

一个女人只有懂得欣赏自己，才能够坦然地面对周遭的一切，才能赢取旁人的尊重和爱，为自己打造出幸福而辉煌的人生。

修炼你的教养，在举手投足间散发魅力

一位大学研究生导师有一双儿女，一个四岁，一个五岁，吃饭的时候，这两个小宝贝端端正正地坐在桌子旁，安静地吃着自己盘子里的食物，没有像其他小孩子那样到处乱跑，或指着盘子说"爸爸我要吃这个""妈妈给我拿那个"。平常生活中，这两个孩子也表现得很有教养，见到的人都会夸奖他们。

导师的太太是个英国人，她很骄傲地说："因为我从小就训练他们讲究规矩，我小时候就是这样被妈妈训练的。我也抱怨过妈妈，但现在我感谢她。"

一位女学生见导师太太的教养特别好，便下决心要跟她好好学习，提升自己的修养。

吃饭时，导师太太不能容忍她斜靠在椅背上，即便她是真的很累，也必须做到腰板笔直；她要求女生不论什么时候，都必须抬头、挺胸、收腹、脊背直，不能摇来晃去；连说话、接电话的声音都有严格的规定，多么紧急的情况也不能超过50分贝……犯错误的时候，导师太太还会用一把尺子打她。

训练的那段时间，女生吃了很多苦，但是为了修炼自己，她一直在坚持。

值得庆幸的是，经过一段时间的训练，她"毕业"了。导师太太终于对她露出了微笑，并夸奖说："现在，你已经是一个很有魅力的淑女了！"这之后，这个女生不论出席什么样的场合，都能进退自如，礼貌得体。

如果有人问："你觉得女性最需要学习的是什么？"

答案是：教养。

那么，什么才是教养？

答案是：教养就是细节。

有没有教养，无关知识、无关金钱、无关地位，教养体现在日常的一举一动中。一个人细微的表现会无时无刻不在告诉别人——你的家教、人品、性格、价值观。

情商高的女人可以貌不出众，可以平淡无奇，但不可以没有教养。

在日常生活中，有些女人都会有或多或少的不雅小动作，当她们不经意、无意识地做出这种不雅动作时，她们可能根本没有想到它正在一点一点地毁坏自己的形象。情商高的女人则会用高度的自律让自己彻底放弃那些不雅的小动作，从而让自己不失礼。

一个叫小邓的姑娘有抖腿的习惯，她也知道这个行为很不雅。为了改正这个缺点，她时常让身边的朋友提醒自己：只要她一抖腿，朋友就会用手里的档案夹拍她一下；若有旁人，朋友就会咳嗽一声。

不到一周，她抖腿的毛病就有了好转。一个月以后，她的毛病完全改掉。所以，如果你不够自律，在改掉某个小动作的时候，可以找一个"监督者"，最好是你的爱人，你的室友，你的父母或者和你关系亲密的同事。你可以告诉他们只要看到你做这个动作，就不留情面地训斥你，被训斥几十次后，你肯定能改过来。

不管什么时候，情商高的女人都不会做出不合时宜的事情，更不会让自己显得没有教养。她们即便在放松的时候，也不张扬、不肆意。在社交聚会中，她们会端坐在那里，双目注视着别人，偶尔晃动一下手中的杯子，看里面的液体旋转轻漾。她们的动作是自然的，绝不会夸张、炫耀。在公共场合，她们说话也绝对不会大声，影响到别人。

青青是一个有教养的女人，在日常生活中非常注意自己的一言一行。与人交谈时，她总是面带微笑，但却不会"花枝乱颤"。因为她知道，这样的姿态不仅有损自己的形象，还会让别人觉得她对人不尊重，甚至觉得她轻佻。她也从不抖腿或者晃脚，因为这种小动作会让别人觉得她没有修养。在公共场合，很多女人喜欢抠指甲和咬指甲，或是撩拨自己的头发。可是青青却从来不会如此，她知道，这样的动作固然可以让自己减轻焦虑、恐惧的感觉，有时也会让人觉得很可爱，但在公共场合，这个动作会显得自己不大方、没自信。

同时，只要是补妆、整理衣物，青青都会跑到洗手间，不会在大庭广众之下就拿出化妆包，开始描眉画眼、涂脂抹粉。因为她认为这些行为都是失礼的行为……

总之，一个女人的教养就体现在生活的细节之中。在举手投足之间散发出无与伦比的魅力，这也是一个女人修炼情商的重要方面。

你没有必要讨所有人喜欢

　　文文是一个善解人意的小姑娘，她温柔、热情又善良，是闺密公司的新员工。我毫不含蓄地表示出了对她的喜欢，对闺密说："这个小姑娘实在太讨人喜欢了，若我是男人，一定要娶她。"但闺密却摇摇头，说文文活得特别累，人缘也不好。

　　我不禁感到惊讶，如此善解人意的姑娘，怎么会人缘不好呢？

　　那天，我去闺密公司办事，文文又是给我倒茶又是给我拿零食，还很体贴地找话题跟我聊天。我在心里感叹："这女孩真是太为别人着想了，简直让人如沐春风啊！"可接下来的事情，却让我明白了闺密话中的含义。

　　当时，文文的一个同事接了一个电话，匆匆拿起一份文件，说："文文，我有事要出去一下，这个你帮我交到财务部去吧！"

　　文文立刻热情地接过去，表示一定会做好，对方冲她笑了笑，道了声谢就走了。文文放下手里的工作，赶紧拿着同事的文件去了财务部。

过了一会儿，另一个同事又让文文在网上帮她选购一本管理类图书，文文原本手头还有一项重要工作，但她还是答应了同事。

当文文精挑细选买好一本管理书后，谁知那位同事一听书名，脸色立刻沉了下来："你怎么选这本书？这本书实用性不太强，早知道不找你了，真是帮倒忙。"

好心帮忙的文文没有得到一声感谢，反而遭到了对方的责怪，我替她感到不值。可她却一直低着头，连声道歉。此后，文文犹如犯了错的孩子，拼命想弥补自己的过错，一下午都小心翼翼地观察着对方的动静。

"瞧，她就是这样。"闺密凑过来，低声说道："她太希望得到每个人的喜欢，生怕得罪了任何人，这样累坏了自己不说，还失去了自我，只能换来别人的不尊重。说实话，她的善解人意是建立在讨好别人的基础上的。这样的女孩，企图讨好每个人，结果谁都没有讨好。你说，她的人缘怎么会好呢？"

生活中，像文文这样"善解人意"的女孩真不少，她们心肠好，脸皮薄，宁愿自己麻烦，也希望给别人提供便利；她们努力讨好别人，想尽办法满足别人的要求。可到头来，她们的好意并没有被珍惜和尊重。

为什么会如此？这是因为心理学上有一个"登门槛效应"，说的就是，一个人一旦接受了他人的一个微不足道的要求，为了避免认知上的不协调，或想给他人留下前后一致的印象，就有可能接受对方更大的要求。

诚然，每个人都期望被别人喜欢，可是，如果想要得到全世界的认可，获得所有人的喜欢，觉得不被别人认可就是自己做人的失败，就是人生的灾难，这确实会产生严重的后果，因为想要讨好每个人，你忍不住为他人做所有事情，结果自己却越来越不被珍惜和重视，越来越迷失自己，就像掉进一个无底洞。

所以，在人际交往中，我们应该在心中放一架天平，一边是自己的生活，一边是他人的生活，要保持平衡。对他人，要体贴，要关心，要帮助，但不能一味地讨好他人，以至于失去自我。

更何况，这个世界上不是我们愿意委屈自己，讨好他人，就能被人喜欢。

我想起闺密经常挂在嘴边的一句话："我又不是人民币，能让每个人都喜欢我；就算我真是人民币，架不住人家更喜欢美金、欧元，所以，我才不会让自己委曲求全呢。"

闺密是一个爽直的人，毒舌又犀利，骄傲又任性，她会非常干脆地拒绝某个人，毫不留情地回敬他人的恶意。

面对文文，她时常劝解说："有些人是取悦不了的，有点出息好不好，你就这么缺人爱？""讨好他人，却无法让自己快乐，这不是傻是什么？更何况，讨好他人，并不能体现你自己的能力和价值。你应该首先让自己过得更好，给自己带来快乐的感觉和美好的生活，如此才能赢得别人的喜欢。"

文文感到不解，便问道："如果我时常拒绝别人，是不是会得罪人，让自己的人缘很差？"

闺密不以为然地说："那你觉得我人缘差吗？而你事事讨好别人，人缘又好吗？"确实，闺密的人缘比很多人都好，而温柔、周到的文文却没有那么好的人缘。

当你学会说"不"时，说一次别人不高兴，说两次别人很生气，说三次、四次，你就会发现别人不再像以前那样，他们根本不敢再露出不高兴的神色，而是和颜悦色，和你接触时更尊重你与理解你，你的生活也将变得愉悦轻松。

不必试图去做一个让人人都喜欢的人，你不满足他人，不讨好他人，人生也不会孤独。当你不去做让每个人都喜欢的姑娘时，也一定会有人很喜欢你。

追求自己的价值，永远不要停下前进的脚步

人们常说："每一个成功的男人背后，都有一个伟大的女人。"这句话并不是说，女人应该生活在男人背后，做男人事业、生活的附属品，只管好家庭和孩子，而是说女人应该与男人共同进步，一起成就伟大和成功。

当一个女人与男人一起前进和努力的时候，女人表现出来的智慧、勇敢，也会赢得男人发自内心的尊重和钦佩。

在奥巴马竞选总统的时候，我们看到他的妻子米歇尔，与奥巴马一起打拼，发挥出了中流砥柱的重要作用。

当奥巴马参加2000年美国众议院选举时，芝加哥大学上司问米歇尔如何能尽情投入助选，她回应自己已经探访了许多家庭，从中收到很多宝贵意见。2007年5月，丈夫宣布参加总统选举后3个月，她开始减少80%公职工作以全力为丈夫助选。竞选初期，她教导两个女儿独立，然后增加自己出席竞

选活动日数。2008年2月初，她于8日内出席了33场竞选集会，帮助奥巴马增加声势。

同时，米歇尔还雇用了全女班的助手团来为丈夫倾力助选。最终，奥巴马成功当选为美国第四十四任总统。每每谈及自己的成功，奥巴马都会说："我要感谢我的妻子，在情感上她是一个能够倾诉衷肠的温柔女人，在事业上她是一个理智果敢的伙伴，她给我提出了很多宝贵的意见和建议。"米歇尔促成了丈夫的成功，也成为卓越女性的代表。

在婚姻中，最牢固的感情不是妻子以丈夫为天，全身心地投入到家务、教育孩子之中，而是夫妻共同追求自己的价值，共同进步。

不管是婚姻还是恋爱，任何一段可持续的关系，都应该建立在平等的基础上。如果两个人开始不平等，人生观、世界观、价值观都发生了偏差，那么这段关系就会慢慢地失衡，直到最终破裂。试想，男人回到家想的是怎么扭转公司困境，而你却在旁边唠叨今天的菜价又涨了，哪个超市打折了；男人的事业不断发展，思想有了新的进步，而女人却只停留在柴米油盐中，连共同语言都没有了，两人感情怎么能长久，生活怎么能幸福？这样的差异，必然会影响婚姻关系的稳定。当两人的分歧越来越大，思想越来越远时，婚姻和爱情也会走到尽头。

我认识的一对中年夫妻就是如此。两人经历了千辛万苦才走到一起，结婚后男人打拼事业，而女人成了家庭主妇。

经过十几年的打拼，男人成为一家企业的老总。而女人呢？由于儿子已经是高中生，平时住校，她一个人每天除了在家做做家务，剩下的时间就是打麻将。

一次闲聊时，说到妻子的情况，这个男人"唉"了一声："哎，她现在一天到晚就知道打麻将！"

我说："嫂子多有福气，你这么能干，什么都不用她操心。"

男人又叹了一口气，带着一丝抱怨的语气说道："我倒是希望能让她操心，可是这么多年了，她不出家门，不读书、不看报，什么也不学，什么都不懂。说实话，现在我们连正常沟通都很难。哪像你们，能写会算，见多识广，放到哪里都行。"

或许很多人会认为这个男人没有良心，女人为了他和家庭牺牲了自己的青春，放弃了自己的事业，换来的却是他的嫌弃。

但是我们又不得不承认，男人的话说得并没有错。因为这位妻子已经放弃了自己，不再努力让自己进步，不再渴望与丈夫"心意相通"。当丈夫努力拼搏事业的时候，她把全部时间花在做家务、打麻将上，而不是充实和提高自己。简单来说，这个女人已经跟不上丈夫的脚步，根本就不是一个层次上的伴侣了。

这是因为，现代社会竞争激烈，生活压力巨大，导致越来越多的男人对女人的期望不再仅仅是"上得厅堂，下得厨房"，他们更渴望对方能与自己共同奋斗、共同进退，并且能够在"三观"上与自己相匹配。

　　所以，想要婚姻长久，想要生活得漂亮，那么除了爱情之外，女人还必须和男人形成一种"密不可分"的战友关系。即便是做家庭主妇，也不能整天沉浸在生活琐事、吃喝玩乐上，而应多与社会接触，学习新鲜的知识，更新自己的思想，不让时代和社会抛弃。

你的温暖就像阳光，暖了别人，也照亮了自己

    温暖是一个平实而又让人倍感亲切的词语，但不是一个狭隘的词语。生活中，让人感到温暖的人和事物有很多。一个微笑可以给人温暖的感觉，一个拥抱可以给人温暖的感觉，它们都能够给人力量，让人感觉舒服、惬意。

    能让人感到温暖的女人，无论是说话还是办事都充满爱。她们善解人意、温婉和善、处世平和，深受人们尊重和喜爱。

    很多人都喜欢刘若英，她并不是最漂亮的，不是最温柔的，不是最活泼的，是最不像明星的明星。她总是笑嘻嘻的，没有多大脾气，对待记者也很客气。

    刘若英虽然是个歌星、演员，但很多人都会觉得她就像生活中的自己，她会让你想到那个恨嫁的"方晓萍"，会让你想到《人间四月天》里的张幼仪，还有那个大声歌唱"想要问问你敢不敢，像我这样为爱痴狂"的勇敢女孩。

    若要用一个词语来形容刘若英的魅力，"温暖"二字再合适不过了。人们喜欢这个真实的女子，并亲切地称呼她为"奶茶"——冬日里的奶茶温热了

手，温暖了心。

　　能让人感到温暖的女人，才是真正有魅力的女人。一个温暖的女人总是吸引着你去靠近她，你对她的渴望就像春天渴望阳光，冬天渴望炉火。一个温暖的女人总是能够给人松弛感，就像是《开心辞典》里的王小丫，从不咄咄逼人，总能让人感受到鼓励。一个温暖的女人，是懂得为他人考虑的人，说出的话同样也是温暖的，能够给别人的心灵加温。

　　一个女人的温度来自她的心灵，同样的一句话，温暖的女人说出来，就会让人如沐春风。

　　阿英是个刚进入社会的职场新人，她的顶头上司是为人刻板，对下属要求极其严格的女经理石小姐。石小姐是公司的元老级人物，在公司里也算有话语权的人，因此即便是其他部门与她同级的经理，对她也都有几分尊重。

　　因为初入职场，阿英在工作上难免犯错，所以每周都会被石小姐叫到办公室训一顿，为此她憋闷不已。

　　阿英的表姐知道她的情况之后，便给她出了个主意："我觉得你那个上司石小姐不是什么坏心眼的人，只是性格比较严肃，所以才会对你的某些做派看不顺眼。而且她虽然教训你，却从来没在工作上故意刁难你，可见她是个公私分明的人。以后你就多说点好话，多在背后夸夸她，你们的关系一定会改善的。"

　　听了表姐的建议之后，阿英在同事面前开始经常说石小姐的好话，称赞她是个有责任心的领导，工作能力一流。每次石小姐训斥完阿英之后，阿英也会诚挚地反省自己的错误，并感谢石小姐对她的指点。渐渐地，两人的关系有了很大改善，阿英发现石小姐身上的许多优点，而石小姐有时也会对阿英表示称赞。

到年底的时候，阿英不仅顺利度过了试用期，还在石小姐的推荐下成为公司第一个升职的新职员。

俗话说："良言一句三冬暖，恶语伤人六月寒。"好听的话就如同拂面而来的春风一般，总能让人心情舒畅。而语言的温度来自人性的温度，一个懂得体谅他人，为他人考虑的人，必然不会随随便便就说出伤人的话语。更重要的是，温暖的力量是双向的，当你给予对方温暖的时候，不仅能让对方舒服、开心，你自己也将变得越来越开心快乐。

有人说："温暖，是一种人格，一种文化，一种修养，一种优雅，一种美好情趣的外在表现。"温暖的女人，不会因为尊贵的出身、高等的学历、美丽的脸庞而盛气凌人，也不会因为一件小事喋喋不休，她们骨子里有一种亲和力，这种亲和就是尊重他人、不媚不俗、宽容随和、通情达理，她们热情又充满自信，脸上总带有淡淡的微笑，弥漫着属于自己的独特魅力。

做个让人感觉温暖的女人吧！培养温暖的特质，并且把它转化成内在的修养，如此一来，你的温暖就可以像阳光一样，不仅可以暖了别人，还可以照亮自己的人生。而所有人都会因为你温暖的强大气场，愿意和你交往！

气质是智慧的沉淀，女人不能不充实自己

海伦·凯勒说过："一本新书就像一艘船，带领着我们从狭隘的地方，驶向生活的无限广阔的海洋。"读书不仅可以增长女人的学识，开拓女人的眼界，还可以让她们学会正确的为人处世方式，举手投足之间都彰显女性的优雅和内涵。

喜欢读书的女人，在为人上不会显得尖酸刻薄，而是大方明理，有内涵、有修养。在遇到事情的时候，她们也不会惊慌失措，能够运用所学的知识，运用自己的智慧，将问题妥善解决。

说到这里，突然想到以前看过的一则古代故事，虽然年代久远，主人公与我们今天看到的那些优雅女人距离有点远，但她丰富的内涵彰显出的女性魅力，依然值得当代女人学习和效仿。

这个故事的主人公就是许允的妻子阮女，当时和诸葛亮的妻子黄氏齐名，

是著名的丑女，也是家喻户晓的才女。

魏明帝时期，官员阮伯玉之女嫁给名士许允为妻。阮女擅长吟诗作赋，善良贤惠，可谓是德才兼备，但她相貌不佳。许允在入洞房时，得知自己娶了一个丑女，一怒之下离开了洞房，搬到书房居住，声称不会再进阮女的房间。尽管家人百般劝告，但许允仍是不肯同意。

几日后，阮女在窗前读书时，忽然听说有客人拜访相公。侍女查看后禀报，是许允的好友沛郡桓范，两人经常书信来往。侍女担心地说："如今老爷独居书房，把您当作是陌生人，实在没有道理。此次，桓相公又来见老爷，倘若再评论或是批评夫人，恐怕老爷更不会进房间了。"

阮女没有在意，反而微笑着说道："不必担心，桓相公不是那样的人，他定会劝老爷进来看我的。"侍女并不相信。果然，桓范听了许允的诉苦后，劝道："阮家肯将女儿嫁给你，自然对你有情义。听闻阮女虽然并不美貌，但才德过人，你千万不能因为夫人的小缺点而忽视了她的才华和德行啊，更不要辜负了阮家的苦心啊。"无奈之下，许允只好进了新房。

阮女看到丈夫进来，心中大喜，正准备起身迎接的时候，却看到许允沉着脸。这时候，她心里又痛又气，却还是耐住性子拉住丈夫的衣襟，低头说道："既然你我已成婚，就是百年夫妻，理应朝夕相处，相敬如宾。你怎么能长期居住在外屋，刚来就立即走呢？"

许允本就很生气，看到阮女拉住自己不让出门，更加生气："德、容、工、言，女人应该有的四德，你具备了哪样呢？"阮女抬起头来，从容答道："我除了容貌不太好，其他的什么都没有缺少。那么请问，这世上的各种德行，夫君又具备了哪样呢？"许允毫不犹豫地说："百行皆备。"

阮女听到这番话，正色地说："百行之中，以道德为首。你以貌取人，好色不好德，第一行就不具备，又怎么能说百行皆备呢？"阮女的义正词严让许允哑口无言，备感惭愧。阮女见丈夫有悔悟之意，心中暗喜，便请他入座，吩咐下人摆酒取菜，与其对饮。许允发现夫人言语温柔，德才兼备，两人和好。

后来，许允被皇帝冤枉结党营私时，幸好阮女提醒他"明主可以理夺，难以情求"，才让许允赢得了皇帝的信任，保住了官位。之后，许允对夫人的才德佩服无比，再不嫌弃她样貌丑陋了。

阮女最终能够赢得许允的认可和佩服，全在于她的良好内在修养以及出众的才华德行。在"女子无才便是德"的年代，她的学识不亚于丈夫，甚至超越了当时的诸多男人。面对丈夫的质问，她能够对答如流，她所说的每句话都让人无法挑剔。

俗语说："腹有诗书气自华。"女人书读得多了，气质自然会好，这是一个潜移默化的过程。用知识丰富自己的头脑，才可能对事物的认识有独特的见解，才可能透过事物的表象看到本质。

读书的女人，就是和普通的女人不一样。她们的眼界和思想都与众不同，有自己的主张和见解。遇到事情的时候，她们能够更全面、更细致地分析问题。当自己的利益受到威胁的时候，她们能够采用正确的手段保护自己。

所以，女性朋友们，多读点书吧，不断充实自己！唯有如此，你才能拥有足够的智慧，成就不凡的气质。

辑三

能控制好情绪的女人，才能控制人生

女人是感性的，情绪比较波动，容易受到外界影响，这是正常又合乎人性的。情商高的女人却特有一种理性，她们总能及时将情绪"收""转""放"，始终呈现良好的状态与形象，做出理智和正确的决策，也能借用自己的力量调节集体的氛围，人生也会优雅从容。

没人会为难一个爱笑的女人

现在流行一句话："爱笑的女人最好运。"女人，因微笑而美丽，因微笑而幸运。这并不是说，爱笑的女人，命运之神就会眷顾她，让她的人生没有坎坷和磨难；而是说，爱笑的女人，因为心里充满了阳光，她什么时候都积极又乐观。

在美国一座山上有一间特殊的房子，这座房子是完全用自然物质搭建的，不含任何的有毒物质，房子里面的空气都是人工灌注氧气。一个女人生活在其中，只能靠传真与外界进行联络。为何她会过这样的生活呢？

20年前的一天，她拿起家中的杀虫剂准备消灭蚜虫的时候，不料被杀虫剂内的化学物质破坏了全身的免疫系统。从此，她对一切有气味的东西比如香水、洗发水等都过敏，连呼吸也可能会导致她患上支气管炎。

这是一种慢性病，目前无药可医。在患病的前几年中，她睡觉时常流口水，尿液也渐渐地变成了绿色，身上的汗水与其他排泄物还会不断地刺激她的背部，最终形成疤痕。

为了让心爱的妻子继续好好活下去，她的丈夫以钢筋与玻璃为材料，为她盖了这个无毒的空间。这是一个足以逃避所有外界有味物质威胁的"世外桃源"，她日常所有吃的、喝的要经过仔细的选择与处理，不能含有任何的化学成分。

住进去以后，她只能躲在无任何装饰物的小屋里，再没有见过一棵花草，再没听到过悠扬的声音，更没有机会感受阳光、流水等。她饱受孤独之苦，心里难过极了，但又不能放声大哭，因为她的眼泪和汗水一样，都有可能成为威胁到她健康的毒素。

"既然不能痛哭，那就选择微笑吧！"坚强的女人这样对自己说。她在微笑中坚强，在微笑中自立。在这个寂静的无毒世界里，她不仅要与外界的一切有气味的物质相抗争，还要与自己的精神抗争。

10年后，这个女人在孤独中创立了主要致力于化学物质过敏症病变研究的"环境接触研究网"；随后，她又与另一个组织合作，创立"化学伤害资讯网"，引导人们关注和规避化学物品的威胁，并得到美国国会、欧盟及联合国的大力支持。

"不能痛哭就选择微笑吧"，这看似是个无奈的选择，实则是她在历经磨难后的豁达和乐观。她用自己的亲身经历告诉我们一个人生的真谛：生活中伤痛在所难免，逃避是没有任何作用的，与其哭着承受这一切，不如微笑着面对。

人生不如意之事十有八九，每个女人都会经历一些不如意：失恋、疾病、灾难……我们可以难过、悲痛、心碎，但是却不能让这些过于持久，让这些困住自己前进的步伐。因为越是呻吟，越是哀叹，越是怒吼，内心就越伤痛，逐渐失去了快乐的能力。

事实也证明，生活不会为难一个爱笑的女人，只要我们学会微笑，无论面前有多大的困难，都有迎刃而解的一天。

法国著名女演员莎拉·伯恩哈特便是微笑着面对自己的人生。

在从艺的几十年里，莎拉·伯恩哈特是法国著名的女演员，也是全世界观众最喜爱的演员之一。莎拉·伯恩哈特长得美，而且很爱美，但在71岁那年，她在一次横渡大西洋的旅途中跌倒在甲板上，腿因此受到重伤，后来又得了静脉炎和腿痉挛。她的腿必须锯掉。医生担心爱美的莎拉无法接受，所以不知该怎么说好。当他硬着头皮吞吞吐吐地说出这件事时，没想到莎拉微笑着说："没关系，按你说的做吧。"

在可怕的截肢手术之前，莎拉一直背诵自己演过的一场戏中的台词，那是一段很欢快的台词。有人问："你这样做是不是为了给自己打气？"莎拉回答道："当然不是的，我这是为了让医生和护士们没有压力，让他们高兴起来。"她还微笑着安慰在一旁哭泣的儿子："不要担心，我一会儿就出来。"

手术结束后，莎拉并没有因为失去了右腿而悲伤，相反她每天都很快乐地生活着。在这种乐观的生活态度下，她很快就恢复了健康。接下来，她一如既往地环游世界，活跃在舞台上。在第一次世界大战期间，她甚至奔赴前线表演，向众人展示了她那迷人的风采，传递了她那快乐和坚强的勇气。

试问，谁能拒绝这样快乐又美丽的女人呢？！

微笑，是情商高的女人让自己活得更优雅、更坚韧的智慧。面对生活的苦难，她们能够发自内心地微笑，并且努力地用笑容感染身边的人。

生命的意义与目的，在于无限地追求快乐和避免伤痛。当一个女人学会微笑，用微笑面对一切，她会惊喜地发现，在不久的将来就能看到灿烂的晴天。

有时候，"糊涂"是种大智慧

　　蓝原是某公司的行政主管，休完三个月的产假，再回公司后，却被领导调为办公室主任。这一调整看似职位没有升降，但工作的性质却发生了翻天覆地的变化，因为办公室主要负责内勤工作，简单又烦琐，而行政则涉及招聘、人员调整等方方面面的重要工作。

　　按理说，蓝只休了三个月产假，并没有太耽误工作，领导不应该把她调岗的。她后来才知道，原来有一位同事趁她在家休假的时候，在领导面前告了她一个状，说她平时就是一个很顾家的女人，有了孩子后会更容易分心。果然，领导对此心生忌惮，便把她调换到有职无权的职位，而那个同事则趁机坐上了蓝原来的位子。

　　所有的朋友都为蓝感到不值，其他和她相熟的同事也为她不平，几个人甚至还怂恿她找领导和同事理论，为自己讨一个说法。然而蓝并没有如此，而是淡淡地说："就让这件事情过去吧，我何必计较呢？好好做好工作就是了。"所有人都对她的行为感到不解，说她是个"糊涂蛋""胆小鬼"。

在接下来的工作中，蓝始终保持一种愉悦的心态，对工作更加认真负责，遇到业务繁忙的时候，她还会主动提出加班。没过多久，她就把办公室的工作做得井井有条，为其他部门提供了巨大帮助。

当然，领导把这一切都看在心里，也被蓝的尽职尽责、不争不抢所感动。没过多久，领导就给蓝升了职，作为行政部和办公室的总负责人，薪水也比之前提高很多。

蓝在职场能重新获得成功，就是因为她不计较、不争抢。她表面糊涂——被别人排挤，却不懂得反抗。可事实上，她却是一个具有智慧的女人，因为她知道只有让领导看到自己的价值，才能再次赢得尊重和信任。

三分流水二分尘，女人很多时候要学会"糊涂"。当然，这里所说的"糊涂"，并不是是非不分，没有原则，而是一种看破不说破的睿智——凡事没有必要非弄个水落石出，也不必凡事都要争个明白。将心胸放宽一些，尤其是对于一些根本无伤大雅的小问题，做到宽容大度，不争不抢，如此会给自己减少很多的烦恼和忧愁。

说到这里，我想起一位"糊涂"的老人。这位老人将近百岁，每一天都生活在快乐之中。在她的世界里，似乎从来没有发生过不快乐的事情。当然，这份快乐使她成为朋友圈中最受欢迎的人，尽管她不够美丽，而且早已满头白发、皱纹横生。

有一次，有人问老人："我看到您每天都很快乐，您的生活中一定事事都如意吧？请问您有什么秘方吗？"

这时，老人说："装聋作哑。"

人们都不能理解这句话。

老人笑了笑，接着说道："你看，我儿子、孙子、重孙子都有了，有的挺喜欢我的，搂着我脖子，和我说说笑笑；有的孩子淘气，恶作剧地拽我的耳垂，还拽我下巴上的赘肉，我也挺高兴；有的也烦我，说这个老不死的。我听见好几次了，但我跟没听见一样，爱谁说谁说，不计较，不气恼，自然快乐长寿。"

是啊！不计较，不气恼，就是老人长寿的秘诀，也是每一个女人幸福的秘诀。

然而，生活中大多数人想做聪明的人，不愿做一个糊涂虫。遇到问题，很多人非要分辨得一清二楚，非要和别人争个是非对错，恐怕自己吃亏、上当。到头来，反而被自己的聪明和计较所累。

李菲是一个非常优秀的女人，聪明伶俐，人长得漂亮，家庭条件也不错，还嫁了一个很帅气、很有能力的老公。在工作中，她思维敏捷，工作能力强，特别受领导的器重和赞赏。

去年，公司的创意总监职位出现了空缺，这是李菲一直心仪的职位，她更积极地工作，希望能顺利升职。可令人没有想到的是，后来升职的却是另一位同事。这位同事的能力并没有比李菲高多少，但比李菲更懂人情世故，所以内部投票时，对方最终胜出。

这样的结果让李菲感到非常不满，于是私下开始四处调查。通过一番调查，李菲得知部门一位主管向上级力荐了这位同事。

李菲咽不下这口气，想要为自己讨一个说法，更想让所有人知晓事情的真相。所以那段时间，她到处传播谣言，闹得公司上下风言风语，人心惶惶。最终因为破坏公司团结，李菲被辞退了。

同样是因为同事排挤而失去职位，蓝和李菲的结局却大相径庭。为什么会这样呢？就是因为两人看事情的心态不同，控制自己情绪的能力不同。

现在社会充满了各种矛盾，把自己的聪明深深地藏在"糊涂"之中，坦荡豁达，不过于纠缠，不过于较真，这是一种智慧，也是一种修养。很多时候，糊涂之态做得好，胜过百倍聪明。女人可以聪明，但是不要太精明。太过于精明，就会较真、敏感，就会变得不那么可爱。

人们常说，水至清则无鱼，人至察则无徒。睁眼看美景，闭眼消无奈。所以，女人不仅要聪明，还要学会"糊涂"，这才是真正的大智慧、高情商。

与其嫉妒别人，不如提升自己

嫉妒可以说是人类最普遍的情绪，也是人性特点中最糟糕的情绪。而女人是最容易嫉妒的，嫉妒同事升了职，嫉妒同学买了房，嫉妒朋友有了男朋友……凡是别人比自己好、比自己强，女人都会滋生一定的嫉妒心理。

嫉妒确实很普遍，但是并不是说，我们可以任由嫉妒蔓延。一旦任凭嫉妒心理占据我们的内心，不仅会伤害到别人，还会使自己痛苦不堪。

安尔莎是一个普通的女孩，出生于美国加州某小镇，是当地的一家小型图书馆的管理员。她每天的工作内容就是整理书籍，负责读者的借阅，有时候还要修补损坏的图书。由于图书馆规模小，利润也不太高，所以员工的薪水普遍不高。

在这里工作的大部分职员看到图书馆的馆长经常有机会参加一些行业内的活动，关键是还能借此机会外出旅行时，嫉妒情绪不知不觉滋生。这样一来，她们越来越不喜欢工作，总抱怨说："馆长什么都不做就有高薪，为什么我们要累死累活。"

但是安尔莎却从不说这样的话，因为她不认为这种酸溜溜的话能够改变自己的境遇。而且在她看来，馆长之所以能享受那么好的待遇，完全是因为他具备更强的能力。正如她在日记中所写的："你不是不服气吗？你就努力做啊，多表现自己的能力出来啊。你嫉妒别人，说明你还不行，可是，你为什么不行？你是真的不行，还是根本就没有努力过？你应该证明给你自己看。"

不去嫉妒比自己强的人，而是努力把工作做好。和别的职员不同，安尔莎更加努力地工作，没几年她就成了副馆长。馆长每次外出都带着她，有什么重要任务都交给她，她成了同事们嫉妒的一个人。她说："现在，我和馆长已成了好朋友，因为我们的专业相通，爱好相近，我们有很多话可以沟通，我真的觉得他是一个很优秀的人，不过，我也很棒。"

安尔莎凭借扎扎实实的工作，让自己获得了回报，而其他职员却因为嫉妒而一直生活在消极的情绪里，最终也只有被这种情绪无休止地折磨。她们感到非常痛苦，嫉妒安尔莎得到了提升，嫉妒她和馆长可以做轻松的工作，可以外出旅行。可是，她们却无法消除这种痛苦的情绪，以至于处于焦躁不安、怨恨烦恼的状态之中。

看吧，嫉妒过了头，对自己产生的作用就是负面的。一旦被这种情绪包围，我们就将被它折磨得身心疲惫，万分痛苦。与其他同事相比，安尔莎是聪明的，她没有让自己的嫉妒情绪肆意增长，而是把它转化为努力的动力，不断提升自己，获得了回报。

正如一位心理专家所言："解决嫉妒问题的根本方法，就是自己也成为一个优秀的人。"当达到这种状态的时候，嫉妒就会不知不觉消减，因为自己的人生，已经在这个过程中实现了一定的价值。

况且，这世上人外有人，天外有天，比你强的人数都数不过来。若嫉妒的话，你其实根本嫉妒不过来。既然如此，不如换个角度思考问题，想一想别人的长处，也许你会成为另一个更优秀的自己。

然而，有的女人被嫉妒迷住了双眼，以至于毁掉了自己的生活。

李思是一个生长在小山村的姑娘，通过努力学习，好不容易考上了一所大学。毕业后，由于竞争太过激烈，李思一直找不到工作。无奈之下，她只好回到家乡。

回到家乡后，她依靠家里的关系进了乡村小学任教师。可是这份工作，李思干得不舒心，因为领导们很少表扬她，学生们也不热情。而同事小华因为讲课水平高，对学生们热情，时常受到同学们的称赞和校领导的表扬。这让李思嫉妒不已，总是愤愤不平。

当时李思和小华同住一个宿舍，但李思从不和小华说一句话，有时小华主动和她说话，她也是一副爱答不理的样子。而且，只要小华稍有差错，她就立马去找领导告状。

比如，当得知小华正在和一位男老师谈恋爱时，她就指出小华这样做会给学生们产生坏的影响，结果领导批评了小华。当然，这样做的李思也没有感到快乐，她越来越觉得自己是个心理阴暗的人，被折磨得睡不着觉。最后，由于上课时心不在焉，学生们成绩非常糟糕。在年终考核的时候，李思的综合成绩倒数第一，被学校开除了。

试想，若是李思把心思花在提升自己上，而不是因为嫉妒而排挤同事，会有如此的结果吗？

一个心存嫉妒的人，如怀揣着一条毒蛇，它咬到的恰恰是你自己。所以，女性朋友们一定要懂得克制自己的嫉妒情绪。当我们产生了嫉妒情绪的时候，不妨先想想他人为什么会成功，他人为什么获得的东西会比你多。事实上，别人会成功是因为他们付出的努力比你多，承受的压力比你大；别人会获得更多，是因为他们担负的责任比你重，时间都花在更重要的事情上，而不是放在嫉妒别人上。

与其嫉妒别人，不如努力提升自己。这是我给所有女人的一句忠告，因为你终会发现，自己长本事比嫉妒别人的感觉要好很多。

拿得起是勇气，放得下是智慧

她在34岁就做了某企业的副总，有很好的前途。但就在她职场顺遂的时候，因为某个部门的一次重大失误而被牵累，不得不引咎辞职。

这样的结果对于任何人来说都是巨大的打击。不过，她却平静地回到乡村，在自家的小菜园种菜、施肥、捉虫，过起了平民百姓的平淡生活。家人看到这个情形都心急如焚，劝她说："你这是在干什么呀？工作都没有了，怎么还有心情做这些事啊？"

她却不忧不怨地说："对昨日发生的事情耿耿于怀，只会让自己陷于无尽的悔恨和愧疚之中，而且白白浪费今天的大好时光！"

之后，她身边不再是一些生活在都市的人士——下属、客户、官员，而是一些淳朴的乡里人。她与人讨论的话题也不再是市场、业绩，而是如何照顾好自己的菜园，什么时节该播什么种子等。很快，她和乡村的人交起了朋友，同时还把收集民间陶器作为自己的爱好。

七八年过去，她成了远近闻名、令人羡慕的收藏大师，收集了几十件顶级民间珍宝，每一件都价值上百万。

这个世界上，为什么有的女人活得幸福、轻松，而有的女人却活得痛苦、沉重？就是因为前者看得开、放得下，而后者把什么都看得太重，什么也不愿意放下，结果给自己徒增很多重担。拿得起，放不下，看不开，所以人生变得越来越沉重、不快乐。

生活中很多女人喜欢抱怨人生有多么不容易，生活有多么令人烦躁不安。仔细观察，就会发现，她们是纠结于曾经遇到的人和事，或者正在经历的人和事，自己喜爱的放不下，自己不喜欢的，也放不下。

她们不明白的是，人生的路上需要经历很多事，如果我们总是为一些已经过去的人和事痛心、纠结的话，一路走来，怎么能保持轻松状态呢？怎么能获得幸福和快乐呢？

一位心理学医生曾接待过一位女士，她是一位海归研究生，工作很出色，可以说是年轻有为。不过，最近她心头总有一片乌云笼罩，时常感觉喘不过气来。

心理医生询问了这位女士一些问题，才了解到她焦虑不安的原因。原来，这位女士原本有很大的希望被晋升为市场部总监，可却因被竞争对手指出了她以前工作中出现的失误而没有得到晋升，她的内心因此埋下一个疙瘩，怎么也解不开。

医生了解事情原委之后，并没有直接告诉她应该怎么做，而是走到办公室外面拿来一个橡皮套和一个砝码。他坐回座位，把那个砝码挂在了橡皮套上面，拎起了橡皮套，可能是由于砝码太重，也可能是因为橡皮套太细，眼看着橡皮套就要绷断了。

这位女士不知道医生为什么做出如此怪异的举动。这时候，医生问道："你的竞争对手升职了吗？"女士摇了摇头。

医生继续问："现在请你告诉我，她说的是事实吗？"女士有点不好意思地低下头，小声说："应该有一半是事实吧。"

听到这里，医生微笑着说："她没有升职，还帮你指出了错误，尽管她动机不纯，但结果毕竟对你有利无害嘛。所以，你应该感谢她才对呀！以后你若能改正错误，把事情做得更好，岂不是对你的工作更有帮助呢？"

随后，医生摘下砝码，橡皮套立即恢复原状。他把橡皮套递给那位女士，并解释道："橡皮套虽然被砝码牵扯过，但现在它仍能恢复到原样，是因为它具有弹性。其实，你也是完整无缺的'橡皮套'啊！"

听完这句话，那位女士陷入沉思，很快便恍然大悟："的确如此，那个竞争对手并没有因为背后搞小动作而升职，还歪打正着地指出我的问题所在。那么，自己还有什么必要为此而烦恼呢？解决了问题，岂不是能让自己变得更好？"

对于别人的暗中使绊，放得下、看得开的确挺难，可这也体现了放下的可贵，不是吗？

人生最难得的态度就是拿得起，放得下。拿得起是一种勇气，而放得下则是一种气度和智慧。只要我们不再只想着拥有，不再把得到看成理所当然，便可以让自己放平心态，真正学会看得开，拿得起，放得下。尝试着不再纠结于无关紧要的琐碎，不再纠结于得不到的，自然可以把握最重要的东西，从而赢得人生的精彩。

心若平和，便是晴天

高情商的女人最宝贵的智慧在于有一个平和的心态。这让她们有足够的能力控制自己的情绪，就算是被冒犯、被错怪、被辜负、被伤害，也不会任凭怒气冲毁自己的理智，做出有失分寸、仪态的事情。

或许有人会说，人都是有七情六欲的，连喜怒哀乐都不能随心表达，过得也太累了吧。可我们也应该明白一个道理，一个人如果连自己的情绪都控制不好，怎么能有能力去把握自己的人生，又怎么能与人好好相处呢？

说到有平和心态的女性，赵雅芝可以说是当之无愧了。

从影三十多年，她从来没有在媒体面前发过脾气，总是温柔优雅。无论在什么时候，无论面对什么人，她都表现得心平气和。

对于如何保持平和的心态，赵雅芝曾经说过："我也是人，也有生气的时候，难过的时候，但是我觉得女人一定要控制自己的情绪，因为发脾气不仅没有任何效果，还伤了自己的身体，也伤了别人的感情。这是一件划不来的事情。"拥有美丽的容颜，再加上良好的情绪控制能力，这就不难理解为什么赵雅芝能够成为人们眼中最美丽的女人了。

生活是琐碎的，可正因为如此，心态平和就显得更加重要了。因为平和的心态，可以让女人面对生活中的烦恼、纷争、痛苦；因为平和的心态，可以让女人微笑着面对眼前的困难，从而努力地改变现状；更是因为平和的心态，可以让女人控制自己的情绪，不让坏情绪随意、肆意爆发。

女人很容易因为别人的伤害而愤愤不平，因为繁杂琐事而焦躁，因为嫉妒、抱怨、憎恨而失去了理智。但这不意味着女人就应该让坏情绪主宰自己，让坏情绪的爆发扰乱自己正常的生活。这不仅是不成熟的体现，也无法在别人心目中留下美好的印象。

曾经在一辆公共汽车上遇到这样的情景：

一个年轻女孩手里拿着一张地图研究了半天，问售票员："你好，我想去体育馆，应该在哪一站下车？"

售票员是个中年大姐，头也不抬地说："你坐错方向了，应该到对面往回坐。"她接着说了一句话："拿着地图都看不明白，还看什么劲儿啊！"

年轻女孩也不示弱，伶牙俐齿地回击道："我看不明白地图，但我比你有素质。"

这句话可惹怒了售票员，她站起来指责道："你这个女孩子怎么讲话呢？你对你父母也这么说话吗？"

见两人马上就争吵起来，旁边有个大爷站出来做和事佬，说："不就是坐个车吗？至于这么大火气吗？姑娘，你不用往回坐，再往前坐四站换904路也可以到体育馆。"

年轻女孩见大爷好心帮自己就没有说什么，转身准备下车。可售票员依旧不依不饶，嘟囔了句："现在的年轻人呀，没一个有教养的！"

年轻女孩的火气又被激了起来，大声喊道："你说谁呢？年轻人怎么了？哪像你一把年纪了，看着挺慈祥，连一句话都不会好好说。"

售票员继续反驳道："瞧你那样，打扮得不三不四，一看就不是什么好人，估计你父母也管不了你！"

后来，两人居然厮打起来，旁人好不容易才把两人拉开。

可以说，年轻女孩和售票员都不是能够控制自己情绪的人，因为一点小事就争执起来，甚至还引发了肢体冲突。若是售票员在女孩问话时，好好地说话，而不是一而再、再而三地讽刺、指责，若是年轻女孩火气不是那么大，不一句句地反驳、回怼，这冲突也就不会发生了。

生活中总是有很多这样的人，一旦遇到让自己不愉快的事情就情绪失控，恨不得把自己的怒火全部发泄出去。结果不仅于事无补，反倒会让处境越来越糟。没有人会喜欢一个动不动就歇斯底里的女人，这样的女人注定无法让自己快乐，获得生活的幸福。

一个女人只有控制住自己的情绪，让自己的内心平静下来，才能有正确的判断，理智的选择。一个人越是无法控制自己的情绪，就越容易暴露缺点，被对手找到弱点。

网球女运动员萨芬娜，在世界女子网球运动中曾排名第一，但每到决战时却经常发挥失常，这让很多人都迷惑不解。

原来，年纪轻轻的萨芬娜看起来自信、霸气，但却没有足够的自控能力，时常因为赛场上的得分或失分表现得或兴奋，或失落，甚至歇斯底里地摔坏网球拍。

情绪失控让她很难发挥正常水平，也给了对方可乘之机。萨芬娜的情绪越是表现得极端，对方就越是冷静。在罗兰加洛斯，萨芬娜曾被塞尔维亚美少女伊万诺维奇直落两盘，后来在澳大利亚网球公开赛上仅坚持1小时就倒在了小威拍下，接着是0∶2不敌同胞库兹涅佐娃……

大诗人泰戈尔曾经说过："内心的平静是智慧的珍宝，它只会跟智慧一样珍贵，比黄金还令人垂涎。"不管任何时候，女人都应该控制自己的情绪，心若平和，便是晴天。

无法控制的情绪，犹如可怕的毒药

20世纪60年代，在一场台球世界冠军赛上，两位球坛奇才路易斯·福克斯和约翰·迪瑞之间展开激烈的竞争。他们的水平势均力敌，吸引了外界对这场比赛的极大关注。

路易斯·福克斯的状态出奇的好，得分一路遥遥领先，如有神助。只要他正常发挥，再得几分，就稳拿冠军了。此时，赛场里的气氛十分紧张，所有人都翘首以待。

这个时候，福克斯很自信地准备做最后几杆漂亮的击球，迪瑞则沮丧地坐在一个角落里，他可能觉得胜负已定，再无希望了。突然，一只飞来飞去嗡嗡作响的苍蝇打破了赛场里的沉寂。它绕着球台盘旋了一会儿，然后叮在了主球上，不肯离去。

福克斯毫不在意，微微一笑，轻轻地一挥手，"嘘"的一声赶走了苍蝇。随后，他又重新瞄准主球，伏下身子准备击球。

　　谁知这只苍蝇又第二次来到台盘上方盘旋，而后又落在了主球上。观众席中发出了一阵笑声。无奈，福克斯又轻嘘一声将苍蝇赶跑了，此时他的情绪还没有因为这种干扰而产生波动。

　　可是，当他再次做好姿势准备击球时，苍蝇又飞回来了。福克斯的情绪开始被这只讨厌的苍蝇影响。更为糟糕的是，苍蝇好像是有意跟他作对，只要福克斯一回到球台，苍蝇就会落到台盘上。观众席中的笑声与嘈杂声越来越大，都像看一出闹剧似的在旁观。

　　这让一向冷静的福克斯变得躁动不安，能看得出来，他在尽自己最大的努力来克制，但终究还是失去了理智，愤怒地用球杆去击打苍蝇，同时碰动了主球。虽然主球仅仅滚动了一英寸，但显然还是会被判为击球。苍蝇是不见了，可是由于福克斯触及了主球，他也失去了继续击球的机会。

　　更糟糕的是，这一出节外生枝的状况让福克斯的情绪大乱，连连失手。而对手约翰·迪瑞则充分利用时机，奋起直追，一连几个击球，打得都异常漂亮。就这样，迪瑞竟然连续击球成功，最终夺得世界冠军。

　　第二天早上，一艘警艇在河中发现了福克斯的尸体。原来，在比赛结束后的那天夜里，福克斯独自一人离开赛场时宛如在奇怪的梦幻中游走，无论如何也接受不了因为情绪的原因而失败的事实——他自杀了。这样一个才华横溢的青年，居然被一只苍蝇逼得自寻短见了，令人可惜又可叹。

一个曾经的天之骄子就这样因为无法控制自己的情绪，而输掉了比赛，甚至输掉了整个人生。福克斯成为情绪的奴隶，被失控的情绪支配着，他怎能赢得比赛呢？

由此可见，情绪就像是一把双刃剑，如果你懂得如何驾驭它，它就能成为你人生的助力；如果你无法控制它，任它肆意地扰乱你，它就会破坏你的生活和人生。

女人往往是最容易情绪化的，前一秒还温柔体贴，下一秒就怒发冲冠；前一刻还哭泣不止，下一刻就哈哈大笑……很多女人不善于控制自己的情绪，甚至觉得发泄情绪应该是女人的特权。有了这样的想法之后，她们不去主动控制自己的情绪，以至于经常陷入坏情绪中不可自拔。

殊不知，一旦一个女人无法控制好自己的情绪，就会把自己的生活搞得一团糟，甚至还会使身心遭到严重的伤害。

作为一个母亲，女人最常接触的就是自己的孩子。可很多女人却在教育孩子时，无法控制自己的情绪，时常不分青红皂白地冲孩子发火。李亚有一个8岁的儿子，这个时期的男孩子调皮、捣乱是正常的事情，可李亚却时常因为工作的不顺、生活的压力，一看到孩子犯错误，就气不打一处来，进而对孩子打骂。

一次，李亚参加完家长会，怒气冲冲地咆哮道："你给我抬起头！"

见孩子没有反应，李亚火气更大了，气急败坏地责骂道："我就没见过你这么不听话的孩子！今天开家长会，老师一个劲儿地批评你，说你爱捣乱，不好好学习，我都为你感到丢人！"

讲完这些后，她心中的愤怒仿佛更加炽烈了，指着孩子继续骂："你怎么这么气人？我算看出来了，你就是想气死我！"

整个晚上孩子都是流着泪度过的。从此以后，他的胆子更小了，几乎什么都不敢做。而李亚的生活和工作也因为她无法控制情绪变得一团糟：孩子越来越胆小，丈夫每天抱怨她脾气暴躁，在公司同事也不愿意和她共事……

在我们的人生中，每个人都会遇到这样或那样不顺心的事情。但是千万不要被情绪控制，而应该控制好它。

真正情商高的女人，绝不会让自己的情绪被别人支配，不会让自己成为情绪的奴隶，而是想办法驾驭、控制自己的情绪，让情绪更好地为自己服务。

正如美国作家罗伯·怀特所说："任何时候，一个人都不应该做自己情绪的奴隶，不应该使一切行动都受制于自己的情绪，而应该反过来控制情绪。无论境况多么糟糕，你应该努力去支配你的环境，把自己从黑暗中拯救出来。"

其实，想要做到不被情绪牵着走并不困难，只要在情绪不好的时候，努力让自己冷静下来，等到情绪稍微平稳下来之后，再说话或是做事，那么就不会让自己陷入被动的局面。

同时，你可以多给自己一些积极的心理暗示，告诉自己"我要冷静下来"，或是转移自己的注意力，比如有意识地听听音乐，喝一杯水，就可以很快消除不良情绪。

总之，女人应该学习做情绪的主人，而不是让自己做情绪的奴隶。如此一来，你便可以掌握住自己的人生，时时处处都可以看到美丽的风景。

辑四

好好说话，是一个女人的顶级修养

　　说话暴露了一个女人的智慧和修养，换言之，由
舌头说出的语言也能体现一个人的情商。明明很简单
的事情，却被你越说越复杂；明明是热心肠，却用刀
子嘴伤了人，这都是低情商的表现。一个情商高的女
人，心底有爱，口下积德，往往能成为人生赢家。

会说话的女人，不抬杠，不较劲

生活中，你有没有遇到过这样的女人？你说东，她非要说西；你说这个东西好，她非要说这个东西坏；你赞成的事情，她非要反对；你反对的事情，她就非要赞同不可。她很爱和别人唱反调，喜欢和别人争辩，好像她就是比别人聪明，比别人强似的。这样的人就是典型的爱抬杠，用现在流行的话来说，就是"杠精"。一般表现为不给别人发言的机会，并经常对别人说的话发表不同的意见。对于"杠精"这种现象，心理学家认为是一种自恋心理的表现。因为有自恋心理的人特别在乎自己的感觉，不会换位思考，不会替他人着想。他们往往喜欢将自己"变身"为救世主，觉得凡事都应该自己说了算，别人得服从自己。

这种人往往有着优于一般人的口才，思维也比较活跃，与人交谈就像进行一场精彩的辩论。你会发现，她们每次抬杠所说的话都貌似很有道理，让你不知道怎么反驳。可是，仔细琢磨之后，你就会恍然大悟，这些话看似有道理，其实都是偷换概念的诡辩话术，未必真的有道理。

　　李霞在一家企业担任会计一职，她自恃资历老，学历高，平时在单位不仅爱和同事抬杠，也喜欢与上司"顶牛"。

　　有一次，上司安排她抓紧时间去税务局报税，可李霞却认为，上司不懂财务，纯粹是瞎指挥。于是，她就磨磨蹭蹭地迟迟不去。上司见状就说："再不报，就要罚款了。"李霞却说："怕什么，我做了这么多年的会计还不懂这个啊？"

　　上司又说："作为我部门的员工，你要接受我对你的安排。"听上司这么说，李霞有点恼火地说："我来这里工作的时候，你还不知在什么地方待着呢，凭什么就得让我听你的？"上司也有些气恼，但考虑到周围还有一些同事，便强压怒火，没有发作。

　　但是，同事们看在眼里，对李霞议论纷纷——平时和李霞关系不错的两个同事急忙劝她，其中一个说："你这是怎么了，平时和我们抬抬杠就算了，居然和自己的顶头上司顶牛。"另一个说："长此下去，你以后的工作也不好做。"

　　一天，那两位关系不错的同事把李霞叫到一家咖啡馆，对她好言相劝："上司毕竟是上司，你这样和他抬杠，让他如何下台？"

　　谁知，李霞不但没领情，反而脾气更大了，气愤地说："就咱这上司，还用巴结他吗？"两位同事说："你不巴结没关系，但也应该尊重他啊，毕竟他是我们的上司啊，需要树立一定的威信。其实，你心眼很好，但就是说话太冲，这样难免会得罪人的。"

没想到，李霞听完反而讥讽地说道："他的水平你们也看到了，让我怎么尊重他！先说年龄，他28岁，我34岁。再说学历，他是高中毕业，参加工作后，考了个大专学历，我却是正规院校毕业的本科生。再说工龄，他比我差好几年。他一天到晚就知道搞好上上下下的关系，而我却辛辛苦苦埋头做账。你们说说，就他这样的人还对我指手画脚，能让我服气吗？"

同事说："这些方面人家是比你差点，可人家的协调能力比你强！"

李霞说："除了协调和上级的关系外，我看他的协调能力也比我强不到哪儿去！"

就这样，李霞与劝她的两个同事，你一言我一语地进行抬杠，一句劝告的话也听不进去，弄得大家面面相觑，无言以对。

半年后，李霞就被所有人孤立了。大家在一个办公室，抬头不见低头见，所有人都不待见她，都不愿意理她，她觉得待在这里没什么意思，便主动辞职离开了。

由此不难看出，在人际交往中，喜欢抬杠、较劲绝非是一件好事。本是一些小事，却因为抬杠而影响了自己的人际关系，甚至断送了自己的前途，实在是不值得。

喜欢抬杠的女人，虽然能说会道，但是却很难受到别人的欢迎。这是因为，没有人会喜欢一个"没理搅三分"的女人。不管是在工作中还是生活中，当对方有不同意见时，如果对方是用温婉的语气表达出来的，那么自己就不会过于抗拒；相反，如果其语气是生硬的，即使对方是一片好心，也保不齐让我们心生反感。所以，你想要与人进行良好的沟通，就应该学会温和的说话方式，而不是故意和对方抬杠，更不能用话语来伤害对方。

一个年轻女子因为一些事情和父亲发生了激烈的争吵，在冲动之下说了许多伤人的话。看着父亲怒气冲冲离开家门去上班的背影，她突然觉得非常后悔，并且开始担心，这场争吵可能会影响到父亲的情绪，害得他工作出错。

翻来覆去地纠结思索了许久之后，她终于拿起电话，拨通了父亲的号码。当她听到父亲略带疲惫的声音从电话那头传来时，她的眼圈突然红了，然后低声温柔地对父亲说："对不起，爸爸。我刚才太冲动了，我说的那些话都不是真的，我很爱您，我向您道歉。"

"没事，没事，哪有爹会生女儿气的！"电话那头，她能听出父亲压抑着的喜悦和轻松，那一刻，她沉重的心顿时轻松了不少。之后，她学会了和父亲温和地说话，而他们的感情也越来越好。

有位哲学家说过这样的话："一个人所有器官中最难管教的就是自己那一张不停说话的嘴。"对于爱用语言表达情绪和思想的女人来说尤其如此。一个喜欢和别人抬杠较劲的女人，也肯定不是一个可爱的女人，更不会受到别人的欢迎和尊重。

所以，不管是生活中还是工作中，女人都应该学会温和地说话，尽量让自己说出的话有温度，而不是刻意地抬杠、较劲。如此一来，我们才能更容易获得友情，生活也会因此而快乐很多。

咄咄逼人，只会让你显得无礼

许多女人能言善辩，时常在发言中占据上风。很多时候，她们都喜欢咄咄逼人，说话不讲情面，甚至带有挑衅意味，尖酸刻薄，似乎这样会显出自己的能力。殊不知，说话咄咄逼人的女人，只会显得肤浅、粗俗、愚蠢，让人感觉索然寡味。

雅丽优秀、能干，所以平时为人自傲，性格张扬，言语中常常咄咄逼人。一位朋友时常提醒她说："你说话从不肯尊重他人，家人和朋友或许还可以忍受，但是其他人怎么愿意听你那些缺乏善意的言论。你不改变的话，恐怕会得罪很多人，朋友们也会慢慢远离你。"

雅丽却不把朋友的劝告放在心里，依旧我行我素。

有一次，她为了跑一个订单，和客户接触了很久，下了很多功夫，确定了签约意向，只差最后一步和客户电话确认。不巧的是，客户打电话到公司进行确认的时候，雅丽正好有事不在，是一位行政人员接的电话。等雅丽回公司的时候，这位行政人员把代接电话的事情给忘了。

没等到客户的确认电话，雅丽打电话过去询问，这才知道，原来人家早就打过电话了，见她没有回复，便和另外一家条件差不多的公司合作了。雅丽一听就火了，直接在公司例会上把那位行政人员劈头盖脸地大骂一顿。

开始，行政人员知道自己理亏，一再地道歉，并且表示愿意接受领导的批评和处罚。可是雅丽依旧得理不饶人，大声责骂："你是干什么吃的，这点小事都做不好？""这么重要的事情，你都忘记了，吃饭睡觉你怎么不能忘啊！""你知道我的损失有多大吗？"……

本来这位行政人员内心也挺愧疚的，但见雅丽这种咄咄逼人的态度，脾气也上来了，和她争执起来。老板见两人在例会上大吵大闹，大声制止了好几次。谁知道，见老板制止，雅丽火更大了，不仅没有冷静下来，反而当众开始斥责公司风气差，老板任人唯亲。

结果，老板大怒，当即就拍桌子走人。事后，雅丽很快接到了人事部的通知，让她另谋高就。

客观来说，这次事件确实是那位行政人员工作疏漏所导致的，她的确应该承担责任，但雅丽咄咄逼人的态度十分不妥当。最后，她甚至把怒火牵扯到老板身上，怎么可能有好的结果呢？试想，如果雅丽能够平静地处理问题，不那么咄咄逼人，事情也不至于闹到这个地步。

人与人之间是需要互相尊重的，你言语行为谦恭和婉，维护了别人的尊严和面子，别人才愿意与你交往。可若是你得理不饶人，说话咄咄逼人，那么就会被他人仇视，让大家远离你。

当与别人意见不合时，真正情商高的女人从来不会对别人横加抱怨、胡乱责骂，也不会大发脾气，而是心平气和地处理矛盾。她们平时也不会咄咄逼人，往往行为友善、言辞和善，说话做事都能令人轻松愉快。这种女人给人的感觉是温和的、明亮的，就像冬日的阳光一样。

在一条大街上，有一个古朴典雅的茶庄。虽然茶庄的地点较为偏僻，但生意却很兴隆，每天来喝茶的顾客特别多。茶庄的服务员小姐对顾客和颜悦色，说话轻声细气。

一天，茶庄来了一位比较粗鲁的顾客。

"小姐！你过来！你过来！"这位顾客高声喊道，他指着面前的杯子，满脸寒霜地说，"看看！你们的牛奶是坏的，把我一杯红茶都糟蹋了！"

服务员小姐微笑着说："真对不起，我帮您换一下。"

很快，服务员小姐就把新的红茶和牛奶端了上来，另一个碟子里放着新鲜的柠檬。服务员小姐轻轻地把牛奶和鲜柠檬放在顾客面前，轻声地说："先生，我能不能给您提个建议，柠檬和牛奶不能放在一起，因为牛奶遇到柠檬会造成结块。"

顾客的脸唰地一下就红了，他匆匆喝完那杯茶就走了出去。

其他的客人问那位服务员小姐说："明明是他老土，你为什么不直接和他说呢？他对你那么粗鲁，为什么你还和颜悦色的呢？"

服务员小姐轻轻地笑了笑，回答道："正是因为他粗鲁，所以我才要用婉转的方式。道理一说就明白，又何必那么咄咄逼人，得理不饶人呢？理不直的人，常常用气壮来压人；有理的人，就要用和气来交朋友。"

在座的所有顾客都笑着点了点头，对这家茶庄又增加了几分好感。后来，这家茶庄的生意越来越红火，因为那里不仅茶好，服务态度更好，让人觉得舒服。

由于服务员小姐没有因为顾客的无理取闹咄咄逼人，而是面带微笑为顾客服务，其他顾客们深受感动。试想，假如该服务员非要与顾客争辩，非要分出个对错来，那么她说的话必定生硬，带有攻击性，那么其他顾客又怎会被她吸引呢？

好好说话，你才会给别人留下优雅大度的美好形象。情商高的女人在说话和处理事情时，会以和为贵，有分寸、有温度，谦卑宽容。

没有一个女人希望给别人留下无礼、粗俗、愚蠢的印象，所以在说话时不妨温柔些，不要咄咄逼人。只要你做到这一点，渐渐地你就会发现，自己已经成了一个出言谨慎、说话有分寸的高情商的女人了。

好好说话，就是不说那些伤害人的话

语言的力量是非常强大的，它可以直击人心，给你灵魂的救赎，也可以给你温暖，鼓励你不断前进；它可以伤害你的内心，在你的心里划下致命的伤痕，粉碎你的自信，伤害你的自尊。

总之，那些伤人的话给一个人带来的伤害，比拳头在身体上造成的伤害要更令人难以忍受，且往往短时间内无法治愈。然而，很多女人却热衷于用最不友善的话来攻击别人，或是嘲讽、调笑，或是指责、辱骂。

一对小夫妻在商场中闲逛，丈夫想给妻子买一条裤子。当他们进入一家精品服装店，一位中年大姐接待了他们，并且询问他们需要买些什么。小夫妻客气地说："我们先看看。"听了这话，大姐不在意地撇了撇嘴。

之后，他们拿起一条中意的裤子询问价钱时，大姐毫不客气地说："这裤子100元。不讲价！"

丈夫说："哪有不能讲价的，老板便宜点吧！80元怎么样？"其实，丈夫只是随意讲讲价钱，并没有非要老板便宜的意思。

谁知大姐却没好气地说："我都说了这裤子不讲价，就100元。100元，你们还嫌贵啊？"

妻子见这大姐说话不中听，便拉着老公要离开。可这大姐却不依不饶地说："一个大男人给自己的媳妇买条裤子还讲价，真丢人。买不起衣服，就不要来逛商场啊！真是浪费时间！"

听着这些刺耳的话，丈夫忍不住了，回敬说："讲价怎么就丢人了？讲价不说明我们买不起，别说100元了，再贵的裤子我们都买得起。不愿意搭理你，你还没完没了了！"

这大姐一听也火了，恶狠狠地说道："一看你们就是买不起裤子的人。你也不看看自己媳妇，胖得跟猪一样，能穿什么好裤子！"

丈夫听到老板竟然说出侮辱人的话，一气之下动起手来。结果，双方因为打架都被"请"进了派出所。

讽刺和嘲笑真的是一种非常伤人的语言，可很多女人在生气的时候，常常会使用一些带有侮辱性的言语来发泄。殊不知，她这样的话给人带来多大的伤害，引起多大的冲突？试想，哪一个人能够忍受他人这样的伤害呢？

既然如此，作为一个女人，我们为什么不好好说话，说出令人舒服的话，非要说出伤人的话呢？而这对于你来说，又有什么好处呢？

有的时候，有些女人说话伤人是无意的，并不是有意要伤害他人的自尊。

她们由于性情直爽，说话口无遮拦，直来直去，殊不知这种说话方式会在无意中伤害到别人，令自己陷入难堪的境地。

一个身材有些肥胖的顾客走进一家服装店挑选新衣。导购小姐见其身材臃肿，店里根本没有合适她穿的衣服，便上前去直言道："大姐，你太胖了，我们店里没有适合你身材的衣服。"

这位顾客最忌讳的就是被人说胖，听到导购小姐这么一说，立即发火了，刚要反击，只听那导购又加上一句："嗯，我觉得人老了，胖一点也挺好的。"

顾客被气得七窍生烟，不知该如何发作，恰好此时老板娘出现，便立即朝她怒气冲冲地说道："我这是招谁惹谁了？怎么一进你家的店，就被说又胖又老，怎么搞的？"

老板娘立即上前赔不是，说道："真是对不起，这姑娘是从农村来的，性子直，不会说话，但她说的都是实话。"听了这话，顾客被气得差点吐血，重重摔门而去。

由此可见，说话太直有时候未必就是件好事。有些在你看来无所谓的话语，对别人来说也许就是一种伤害。无论何时何地，对象是谁，我们一定要三思而后语。因为话一旦说出了口，我们就不可能把它收回，所以在我们说话之前，一定要想清楚这句话说出去后带来的结果，想一想它是否会伤害别人。

俗话说："良言一句三冬暖，恶语伤人六月寒。"这句话的意思是说，有时候一句恰当、舒服的好话，可以让我们的心，即便是在寒冬，也备感温暖；有时候一句恶语坏话，却比利刃戳心还要伤人，令人寒心。

人与人之间相处交际，语言是必不可少的一种沟通交流方式，它能为我们搭建良好的交际关系，也能将好的关系摧毁，就看你如何驾驭它。

一个著名的演说家在一次演讲中说："我们说出去的话，有时候就像一块石头，砸到别人身上，就会让人受伤；而有时候，这话又可以像春天里的和风，轻拂心田，让人感到舒心和温暖。这就是语言的力量。"

没错，我们每个人说的话，既可暖人，亦可伤人，关键就看我们怎么说。会好好说话，是一个高情商女人的基本修养，她们懂得把握说话的分寸，不说伤人的话，所以，她们更容易受到别人的尊重和欢迎。

口若悬河，不如适当的沉默

许多心理战的高手经常会用"沉默"这张牌来打击对手。他们在与人讨论、争执、谈判时，先用沉默使对方心里有压迫感，最终为自己赢得谈判优势。

有一位著名的女谈判专家替她的邻居与保险公司交涉赔偿事宜。

理赔员先发表了意见："女士，我知道你是谈判专家，一向都是针对巨额款项谈判，恐怕我无法承受你的要价，我们公司若是只出100美元的赔偿金，你觉得如何？"

女专家表情严肃地沉默着。根据她以往的经验，不论对方提出的条件如何，都应表示出不满意，此时最好选择沉默。因为，当对方提出第一个条件后，一般都暗示着可以提出第二个、第三个……

理赔员果然沉不住气了："抱歉，请勿介意我刚才的提议，再加一些，200美元如何？"良久的沉默后，女谈判专家开口说："抱歉，我们无法接受。"

理赔员继续说："好吧，那么300美元如何？"

女专家过了一会儿，才说道："300美元？嗯……我不知道。"

理赔员显得有点慌了，他说："好吧，400美元。"

又是踌躇了好一阵子，女谈判专家才缓缓说道："400美元？嗯……我不知道。"

理赔员最后笃定地说："那就赔500美元吧！"

就这样，女谈判专家只是重复着她良久的沉默，重复着她的痛苦表情，重复着说那句缓慢的话。最后，这件理赔案终于在500美元的条件下达成协议，而邻居原本只希望能要到300美元。

由此可见，在很多时候，沉默的力量比有声的话语更强大。作为一个女人，更应该学会沉默。很多时候，虽然你可以不说话，沉默要比唇枪舌剑的争论更有震慑力和说服力，更能在气势上压倒对方。因为你说得越少，就越显得神秘，显示出一种成竹在胸、沉着冷静的姿态，一种"天不言自高，地不言自厚"的深沉和成熟。

所以，智慧的女人应该懂得适时沉默，当与别人发生意见不合时，你无须急于解释、说明、评价等，也不用大发脾气，保持适当的沉默反而可以收到更好的效果。

当然，沉默并不是指简单地不说话，许多时候我们必须开口，但重要的是，要找到恰当的话。即使片刻的沉思，也会使我们头脑中的思路更加清晰，说出的话更准确、更有效，所以适时的沉默实在是一种睿智的行为。

很多时候，我们无须多言，却可以利用目光、神态、表情、动作等各种因素，或明或暗地表达自己的思想感情。这样一来，我们既能达到自己的目的，又能够表现出谦和大度、优雅从容的修养。

然而，生活中不少女人却不懂得沉默的妙处，甚至有一种错误的认知，认为只有滔滔不绝，才有表现自己的机会，加强自己的存在感，给别人留下好印象。于是，她们抓住机会便尽情地表达自己。结果如何呢？不仅没有给人留下好的印象，反而因为喋喋不休地说个没完而让人厌恶不已。

有两个年轻的女性，我们不妨叫她们小A和小B。她们两个人的说话方式截然不同，人缘也相差很多。

小A性格开朗、随性，说起话来是滔滔不绝。但她讲话有一个毛病，那就是说话没有主题，一说起来就没完没了，主题能够从工作扯到家庭琐事，再到孩子学习，不一而足。她一旦开口，即便别人多次提示时间，她好像也视而不见，似乎没有尽头。

而小B呢，则说话风格言简意赅，从来不啰啰唆唆。因为她觉得说话啰唆、喋喋不休就是浪费时间，所以一句话能够说完的事情，她绝不会说两句。每次和别人交流时，她都没什么多余的问候和致谢，而是直奔主题。虽然她平时话不多，却很受朋友欢迎，口碑极好。

总之，会说话的女人不一定会口若悬河。她们懂得说话的技巧，更知道说话的分寸，该说话的时候说话，语言简明扼要，每个字都能做到掷地有声；而遇到不该说话的时候，她们便会选择沉默。

因为，她们知道如果唠唠叨叨、口若悬河却抓不住重点，即便说再多的话也没有用处，还会引起别人的反感。恰当的沉默却可以适当地表达自己的情绪、态度，在不动声色之间显示出自己的修养和智慧。

她们还明白，沉默所表达的意义是丰富多彩的，它以言语形式上的最小值换来了最大意义的交流。沉默是语句中短暂的间隙，是超越语言力量的一种高超的传播方式，恰到好处的沉默能收到"此时无声胜有声"的效果。

沉默是金，所以，女人要学会适时地闭上嘴巴，用恰到好处的沉默来表现出你的优雅和智慧，轻松地达到自己的目的。

懂幽默的女人，从来不会输在说话上

为什么有的女人处处受欢迎，有的女人偏偏就不能呢？在我看来，一个女人受欢迎的程度和长相、身高、身家、地位等没有直接关系，但懂幽默是很关键的原因。

有一个职场女性名叫青青，通过多年勤勤恳恳的努力工作，她被公司提拔为分公司的经理。为了庆祝这件事，青青花了将近一个星期的时间做准备，计划在一个五星级酒店的宴会厅举办庆祝大会，还邀请了将近一百位客人参加。

在青青精心的安排下，聚会进行得非常完美。但有一位同事在敬酒时，不小心把提前准备的庆功蛋糕打落在地，巧克力和奶油溅得满地都是。这位同事站在那里，顿时不知道如何是好，气氛变得尴尬起来。但当青青看到地上破碎的蛋糕时，居然笑出声来。随后，她笑着走到同事面前，一边敬酒，一边幽默地说道："嗨，原来你是想送给我一个这么大地方的蛋糕呀！"

听到青青的话，所有人都会心地笑起来，而那位闯祸的同事也不好意思地笑起来，感谢青青替她解了围。

幽默的话语真的非常神奇，可以缓解尴尬的气氛，给周围的人以舒适感和愉快感。

没有人不喜欢幽默的女人，因为她的一句笑话、一个精妙的比喻、一个搞笑的动作，便可以让正在发愁的人，正在生病的人，正在愤怒的人，或正在紧张的人，瞬间放松下来，发出会心的一笑，体会到那种身心的舒缓与畅快。这样的女人，能不招人喜欢吗？

幽默的女人招人喜欢，但懂得幽默的女人并不多。

某大学有一个文化社团，这个社团既有专业性又有娱乐性，很受在校生欢迎。但想要进入这个社团不是那么容易，需要经过递申请书、审核申请书、面试、二次面试等步骤，简直比找工作还严格。

一次，这个社团招新，很多学生都慕名前来，但进入最后面试的人只有几十人，而能留下的只有十人左右。

"非常抱歉，你的条件并不适合我们这个团体。"招聘现场，社团负责人对着其中一个女孩说。

这个女孩却没有灰心失望，反而用欢快的声音对负责人说："既然你感到如此抱歉，那是不是会再给我一个机会，更深入地了解我？也许你们会有不同的判断！"

负责人和几个高年级的学长都被她的话逗笑了，相互看看，都觉得应该再给她一次机会。于是，他们重新提问她，考核是否让她加入。最后，这个落选的女孩子得到了在场所有人的认同，幸运地成为这个社团的一员。

看吧，对一个女人来说，幽默可以让人对你产生好感，为你赢得更大优势。幽默是最难得的，也是所有口才技巧中最难学的一项。因为它绝不是简单地制造一些笑料，而是智慧的体现，是素质和情商的体现。

想要成为幽默的女人，你不仅要修炼自己的语言技巧，更要提升自己的修养和气度。若是你心胸狭窄，过于敏感，别人一句无意的话都能琢磨半天，恐怕很难发现生活中的"笑点"，更说不出任何让人发笑的话。

你要尝试着让自己心宽，体谅别人的不会说话，不计较别人的一时过失。犹如上文中的青青一般，用幽默的话语为自己和别人解围，犹如落选的女孩一般，用欢快的话语为自己赢得机会。

另外，想要让自己成为一个幽默的女人，你还要学会自嘲。

1974年，台湾歌星韩菁清与作家梁实秋相恋，一个是著名作家，一个是当红歌星，这是雅与俗不同的两条路，而且两人年龄相差将近三十岁。当时，这场恋情遭到了双方朋友、亲人们的一致反对，韩菁清与梁实秋不胜其烦，但仍然坚持在一起。

婚礼当天晚上，因为新房设在韩菁清家，梁实秋不熟悉环境，又是高度近视，一下撞到墙上。韩菁清出于关心和心疼，立即上前将梁实秋抱了起来，梁实秋笑道："这下你成'举人'了。"（把他"举"起来）。韩菁清也风趣地回答说："你比我强，既是'进士'（谐音近视），又是'状元'（谐音撞垣）。"两人相视而笑……

　　韩菁清与梁实秋都是幽默的人，时刻以快乐的心情拥抱生活，不因环境不适而苦恼，而是用幽默的话语来为自己增加乐趣。他们把一切不如意融进一句句的自我解嘲之中，既开解自己也娱乐他人，在笑声中化解了内心中所有的负面情绪。

　　幽默是善意的，是心灵与生活的碰撞激起的火花，这火花既让自己愉悦，又让他人高兴。可以说，幽默的女人，魅力值满分，总能让人不自觉地被她们吸引。幽默的女人，说话好听，让和她交往的人总是心情舒畅。

　　幽默的女人是聪明的，也是幸运的，因为这可以让她们赢得别人的喜欢，使自己的生活更加幸福、快乐。所以，女性朋友，学习做一个幽默的女人吧，如此一来你的魅力值和幸运值都将达到满分！

真诚赞美，是女人的一种高级情商

看过这样一则故事：一位年轻的妈妈领着她的双胞胎女儿来到了一个花园。年轻的妈妈看到了满园的玫瑰，不禁陶醉，于是问两个女儿如何看待这个地方。姐姐回答说："这儿太糟了，每一朵花下面都有刺。"妹妹则说："这儿太好了，虽然枝条上有刺，可每个枝条上都有一朵美丽的花。"

同样一枝玫瑰，姐姐看到了浑身是刺，而妹妹则看出了芳香四溢，娇艳动人。为什么同是一件事物，会产生两种截然不同的评价呢？因为两个人看待玫瑰的眼光不同。姐姐看到的是下面的刺，而妹妹看到的是上面的花。

看物如此，看人亦然。当我们用挑剔的眼光去看待别人时，会觉得他到处都是不足，浑身是"刺"；而以欣赏的眼光看人，则会觉得他优点多多，光芒四射。生活中并不都是竞争，不都是打击，不都是敌对，更多的是友善和温暖。

相信大家都有过这样的体会：如果你把赞美的话挂在嘴边，见了女人就说

"漂亮""有气质"，见了男人就说"好帅""有魅力"，即便对方知道这只是恭维，但是也会感到欣喜，对你产生好感。即便是再内向、再腼腆的人脸上也禁不住微笑，心里也会沾沾自喜。这就是人性。

赞美别人是一件好事，但绝不是一件易事。因为，赞美需要一颗善于发现美的心，只有克服自身的嫉妒心、好胜心，以博大的胸怀去包容别人，用欣赏的眼光去看待别人，我们才能成为善于赞美的人。

与人沟通时，只要你善于发现别人的优点，嘴上多说几句赞美的话语，就有可能为你带来意想不到的好处。

兰兰是一位化妆品公司的女老板，表面看她貌不惊人，才不出众。可是，她却有着异乎寻常的吸引力，周围的许多朋友都喜欢和她在一起。更神奇的是，行业里最优秀的人才都聚集在她的公司，而且任凭别的公司高薪挖墙脚都挖不走。

有许多人对此不解，就问兰兰有什么收获人心的秘诀，兰兰淡然一笑，回答道："其实，我根本就没有什么秘诀，如果非要说有的话，那就是我愿意真心诚意地赞美我的员工。"

"听听我的故事吧，"兰兰继续说道："刚毕业找工作时，我到一家化妆品公司应聘导购。经过三轮应试，只剩下包括我在内的5人进入最后面试，当时每个人发挥都很出色，最后我应聘成功了。知道为什么吗？因为当竞争对手演讲至精彩之处时，我总是情不自禁地为其鼓掌，低声说一句'说得真好''她的表现真棒'，这一无意间的举动被主考官看到了，她毫不犹豫地留下了我。"

赞美他人所带来的好处，让兰兰始料不及，在以后的工作中，她更是秉承这种作风。当下属通过自己不懈的努力取得好的业绩时，兰兰总是能够第一个为她们送上自己的赞美，这些赞美完全发自内心。这也就难怪员工会愿意在她的公司工作，并且在各自的工作岗位上奋发进取，不断取得更好的业绩。

可见，赞美的话就像是蜜糖一般，最能打动人心。无论是谁，只要被人夸上两句，心里一定会美滋滋的，同时一定会给人打上很高的印象分。

带有赞美意义的话语，是对人们的某种行为给予的肯定和奖赏，它输送的是一种正面的信息，是一种尊重，一种理解与认同，能给他人带来一种积极、愉悦的心理感受。若是你赞美了一个人，就会得到对方直接、友好的回馈，哪怕有时你赞美的只是一个小细节，对方也会欣喜万分。

所以，不管对于什么样的人，我们都应该不吝啬自己的赞美之词，把赞美的话扔出去。

格林先生是一个很好客的人，有一次他请几个亲密的朋友到他家里去吃烤肉。这是一个小型的家庭聚会，既是为了庆祝孩子的生日，也是为了与朋友们联络感情，所以不但请来了他自己的朋友，也请来了格林太太的朋友，场面很热闹。

过完开心的一天后，客人们散去了，格林太太一边干活，一边和先生说话："听到我的朋友们都说什么了吗？她们希望以后每个月都举行一次聚会呢。"

"我听到了。"格林先生笑着说。

"你对我的哪个朋友印象最深刻？"格林太太问。

"珍妮。"

"咦？"格林太太有些意外，"可是，你并没有和她说上一句话啊，而且珍妮也不是丹·罗斯那样的美女，你为什么会记得她呢？"

"因为我听到她对你说了一些话，"格林先生说，"她说：'我真羡慕你，你有一个这么好的老公，他这样精心地为我们准备这次聚会，又如此考虑你的朋友，他的服务真周到，他是真的爱你。'"

只要是人，就都希望获得别人的赞美。因此，女性朋友们，不要再沉浸在自己固守的情感世界里，舍不得对别人说一些赞美之言了！你会发现，这将让你的生活变得更加美好。

当然，赞美也需要有技巧。首先，不要太露骨，否则就会让人觉得谄媚；第二，赞美他人也不要拉上具体的人做对比，说出"你比××强太多了"这样的话，那个××听到了一定对你怀恨在心；第三，赞美要做到真诚自然，适可而止，要赞美得"有依据"。

善于倾听的女人，情商不会低

卡耐基曾经说："生活中，最有魅力的女人一定是一个倾听者，而不是滔滔不绝、喋喋不休的人。"没错，一个女人的基本修养之一就是善于倾听。倾听，不仅仅是对别人的尊重，也是对别人的一种赞美。

生活中，情商高的女人不一定是口才最好，但一定是最善于倾听的。俗话说："会说的不如会听的。"

吴菲菲在一家有名的美术杂志担任编辑。为了丰富杂志的内容和版面，她每个周末都要去拜访几位业界很有名气的画家，并邀请他们为自己的栏目撰写文章。每次去拜访画家的时候，她都习惯说个不停，不断地说自己的杂志多么权威、多么高端，自己所负责的栏目有多么好。因为她觉得这样才能显示自己的诚意，从而说服对方接受自己的邀请。

但是，那些画家们最后都会面带歉意地告诉她："实在抱歉，短时间内我恐怕没有办法参加。"就这样，二三十次地邀请，又二三十次地被拒绝，吴菲菲有些心灰意冷了。这时部门的主编给她出了一个建议：下次再去拜访那些画家的时候，安静下来，去倾听一下对方的意见。

听完主编的话，吴菲菲意识到自己以前做的采访方法不对，于是第二天她约见了一位之前没拜访过的画家。这次，她没有一见面就不停地推介，而是先认认真真地观看了这位艺术家的作品，有什么不懂的地方就赶忙询问。

没想到，吴菲菲的提问引起了画家的兴趣，他们不知不觉就谈了两个小时。最终，这位画家不仅同意参加吴菲菲的栏目，还告诉吴菲菲他的几个朋友也可能参加。吴菲菲听了心里非常高兴，在这位画家的引荐下，她一下子多了好几位作者。

再后来，吴菲菲总是会提醒自己，不要多说，要多听。一次，吴菲菲和一个朋友一起参加一次小型社交活动，并认识了一位很有魅力的男士，他们聊得非常愉快，这位男士还几次主动邀请吴菲菲跳舞。

当朋友问及吴菲菲的"手段"时，吴菲菲笑了笑，语气中掩饰不住喜悦："很简单，我问他喜欢什么音乐。当他说自己喜欢摇滚时，我鼓励他给我讲一些摇滚作品。我以前对摇滚一点也不了解，从头至尾我没说几句话，都是他一直在谈这方面的事情，不过我也因此对摇滚有了了解。他也觉察到了这一点，那自然使他觉得欣喜。最后，他要了我的电话，还说我是最迷人的女人，希望和我继续交往。"

事实证明，倾听的效果往往比滔滔不绝讲话的效果好上一百倍。在聊天中，有滔滔不绝、舌灿莲花的一方，就得有默默倾听、赞同附和的一方，这样交流才能顺利进行下去。可若是你只顾着自己说得过瘾，却没有满足别人说话的欲望，那么就会引起别人的反感，使得交流无法继续进行下去。

所以，为了打造良好的人际关系，赢得别人的喜爱与认可，女性朋友们不仅要学会说话，更要学会倾听——倾听别人的意见，倾听别人的故事，把别人视为交流的主角。

生活中，很多女人喜欢通过说话来表达自己的情绪，善于通过言语来表达自己的情感。我觉得，女性更应该学会倾听，少说多听，养成良好的习惯。倾听的好习惯不仅可以增加我们的魅力，让我们交到更多的朋友，更可以帮助我们赢得一些宝贵的机会。

李琴在一家知名外企的上海分公司工作，那家外企的门槛很高，没有丰富的工作经验或过硬的素质，是很难进去的。她刚刚毕业没几年，且不算太优秀，是怎么进去的呢？李琴的同学佩服之余，都感到惊讶。

对于很多同学的疑问，李琴说道："其实，我能进入这家外企纯属偶然。大学毕业那年，这家公司为了开拓日本市场，就到我们学校来招收一名日语专业的学生。我虽然不是学日语专业的，但因为'二外'是日语，会一些简单的日常对话，就抱着试一试的态度加入了应聘的队伍。没想到，我竟然顺利通过了两轮笔试，进入最后的面试。

"轮到我面试的时候，主考官说了几句中文，让我与另外一个日语专业的学生进行翻译。之后，他让我们两个用日语对话几分钟，话题由我们自己定。于是，我们就按照要求开始对话。对话一结束，我就觉得自己输定了，因为对方的口语非常流利。但出乎意料的是，主考官竟然宣布我是最后人选，让我一个星期后去公司参加培训。"

这位同学疑惑地问道："到底是什么原因？"

李琴解释道："我也问了主考官同样的问题，他说，在我们俩对话的过程中，我一直在认真地看着对方，倾听对方的讲话，并不时地点头表示认可，没有打断过对方，显得很有修养。对方自认为是日语专业的学生，有些盛气凌人，说话也咄咄逼人，想在语言方面压制我，这让主考官很反感。

"最后，主考官还说了一句让我更意外的话。他说，他根本听不懂日语，让我们俩对话，就是想观察我们讲话的表情，从而判断我们的交际能力。他觉得我很符合要求，就决定将机会给我。"

可见，李琴之所以获得这个炙手可热的职位，最关键的就是因为她善于倾听，懂得尊重别人。在这次面试中，李琴本是处于劣势，但是，她善于倾听别人说话的习惯为她扭转了局势，赢得了这个难得的工作机会。

善于倾听的女人，情商不会低。在古代，人们将那些善于倾听的女人称为"解语花"。做一个善于倾听的女人，让自己做一个合格的聆听者，而不是一个唠叨的倾诉者，你会发现自己不用说话，就能成为众人的焦点。

懂进退，知分寸，是一个女人最好的模样

真正的高情商是对人性的深刻洞察——懂人才能懂事，懂事才能成事。一颗心冷暖自知才最好，两个人相处舒服才最佳。情商高的女人能站在全局去考虑每个人的感受，用适当的方式解决问题，无论处在什么关系中，都可以游刃有余。

学会放弃，做不钻牛角尖的女人

　　生活中，你是不是遇到过很多这样的人：她们执着于一件事情、一个地方、一份职业……即便碰得头破血流也不肯放弃，永远解不开心结，结果使自己身陷泥潭，不能自拔？实际上，她们是爱钻牛角尖的人，性子顽固执拗，可她们却把这种执拗当作执着，并且坚信只要自己坚持下去，就能获得成功。

　　可是，执着和执拗虽然只差一个字，含义却完全不同，所获得的结果也千差万别。一个人如果能坚持自己正确的道路，那么终有一天会取得成功。可一个执拗的人，撞了南墙也不回头，只想着在一条路上走到头。结果，只能在错误的道路上越走越远。

　　于媛媛是某重点大学的高才生，毕业后进入一家软件公司做程序员，但很快就被磨得没有了以前的那股锐气与豪情壮志，取而代之的是一副怨天尤人、不堪重负的样子。在所有的抱怨中，她提的最多的就是自己当初进错了行业，程序员工作枯燥乏味，经常加班，压力大，自己并不具备优势。

当别人问她为什么不尝试着换个工作和行业时，于媛媛却说："现在放弃了，以前所付出的努力不就都白费了吗？"同时，她还有这样的疑虑："放弃了，再做别的事，就一定能成功吗？"所以她继续选择了死扛。

于媛媛的几位朋友，在经过深思熟虑发现原行业不适合自己后，就果断地转行，现在已经小有成就。例如，于媛媛的一位大学同学，在五年前辞去了一份收入不菲的工作，然后开始创业，如今企业资产已经数千万了。而于媛媛的坚持依然没有进展，眼里满是"何必当初"的绝望。

于媛媛的坚持为什么没有得到好的结果？就是因为她明知道自己进错了行，却执拗地在错误的道路上不肯回头，以至于浪费了时间和精力，甚至让自己陷入无望的境地。坚持是可贵的品质，可是不懂得转弯，在该放弃的时候不放弃，那么就只能让自己陷入困境。

事实上，很多时候果断放弃才是最好的选择，当你在一条路上毫无头绪，一错再错时，就没有必要再坚持下去。这是因为看不到希望的路，根本不值得你付出努力，即便你付出了再多的努力也是白费工夫，甚至让自己陷入死胡同。

说到这里，想起一个寓言故事：

老鼠钻到牛角尖里去了，它跑不出来，却还拼命往里钻。

牛角对它说："朋友，请退出去，你越往里钻，路越窄了。"

老鼠生气地说："哼！我是百折不回的英雄，只有前进，决不后退的！"

"可是你的路走错了啊!"

"谢谢你,"老鼠还是坚持自己的意见,"我一生从来就是钻洞过日子的,怎么会错呢?"

不久,这位"英雄"便活活闷死在牛角尖里了。

这就好比你正做一件事情,想解决却找不到合适的方法;你正在从事一项工作,想努力却发现自己根本不适合这项工作;或是你想要实现某个梦想,却发现这个梦想只是空想……可是你就是不想放弃,觉得坚持就能成功。结果会怎样?和钻牛角尖的老鼠如出一辙!

然而,人生的道路并非一条,人生的辉煌也并非一处,你又何必钻无路可走的牛角尖呢?

如果通过长期努力仍不能达到设想的目标,那么就该分析一下,这个目标对自己来说是否合适?如果不合适,不如及早放弃,对自己的生活进行重新定位。这样你才不会把自己困在原地,才能找到新的出路,获得重新开始的机会。

琳达从小就是个手工艺品爱好者,在读幼儿园的时候就会采集各种各样的鲜花做成造型独特的书签。这些书签用干花配着毛线、原木、彩纸等东西做成,很是漂亮,就连幼儿园的老师都会托琳达帮她们做书签。

长大一点以后,琳达的这一爱好坚持了下来,而且做出来的东西越来越多。她既能用毛线织各种各样的衣服,又能将布匹裁剪成窗帘、床单、桌布，并自己绣花，还能用泥巴、铁丝、陶土等东西做手工艺品。她在这些创作中得到了极大的满足。

琳达十几岁的时候，开始面临升学压力，父母给她分析：如果她继续把时间都用在手工艺品上荒废学业，她今后就要吃这碗饭。但是，在他们生活的小镇，没有人愿意花钱去买手工制品，如果琳达想要开一家网店，也不能生产大批量货物，不能赚足够的钱养活自己。所以，父母要求她慎重考虑未来的计划，不要让自己现在的坚持毁掉未来的人生。

经过思考，琳达承认她的爱好只能作为业余爱好，只有在自己有了正式稳定的工作后才能继续发展。所以，琳达保留了她经常构图的本子，把多数时间用在考试和复习上。

聪明的女人不会钻牛角尖，她们懂得找到自己的位置，适时调整方向，放弃不正确的坚持。琳达就是这样的女人。虽然她曾经把那些爱好当作自己的终身目标，但是却理智地放弃了，因为她知道，现在的放弃并不意味着永远失去。等到自己考上好学校，找到好工作，仍然可以用业余时间做她喜欢的手工艺品，那个时候，也许她的心态更加轻松，做出的东西能加入更多的想法。这样一来，岂不是两全其美？

对于女人来说，有时候暂时放弃不是一种无能，而是一种智慧。因为放弃无谓的坚持，才能有新的开始，才能让我们赢得更多的机会，让我们的人生变得更宽阔。

做一株马蹄莲，即使盛放也懂得收敛

在工作中，我接触过这样一个女强人，她学识渊博，思维敏捷，能言善辩，可以说是非常成功、出色的女性。开始时，我非常欣赏这位女强人，甚至将她当作自己的榜样。

可慢慢地，我发现她太强势了，且有些自以为是，盛气凌人，不懂得尊重别人。

一次，我看见她批评一个下属，其实那人也没有犯什么大错，只是没有把打印好的文件整理好。可她竟然在所有人面前批评她，说什么"你真是笨死了，一点儿小事都做不好"。结果，刚工作不到半年的新人羞愤难当，眼泪哗哗地往下流。

还有一次，我和她到一个商场办事，在卫生间洗手时，一位保洁员不小心把水弄到她的衣服上。保洁员连连道歉，我也劝说她息事宁人，可她依旧得理不饶人，非要请商场经理出面。最后，经理为了息事宁人，扣了保洁员三天工资，并且再三为保洁员的失误道歉，她才愤愤不平地离开。

　　事实证明，强势且咄咄逼人的女人并不招人喜欢，且很容易招致别人的反感。这位女强人虽然在职场上如鱼得水、呼风唤雨，可是人缘却并不怎么好。所有员工和下属都对她敬而远之，能不接触便不接触，就连她的未婚夫也因为她不懂得收敛自己的强势，而选择了解除婚约。

　　试想，哪一个男人能够容忍自己的未婚妻在众人面前数落自己，对自己指手画脚呢？

　　太过于强势、不懂得收敛的女人是悲哀的，面对这位女强人，我只能摇头叹息，而且一再告诫自己千万不要成为这样的女人。因为这种女人即便再有能力，再优秀，也会把自己置于尴尬境地，令人避而远之，岂能赢得别人的喜欢和尊重？

　　情商高的女人，懂得收敛自己的强势，就像是一株马蹄莲一样，即便是绽放也懂得收敛。否则，女人的美貌和智慧不仅无法招人喜欢，反而会成为人生的灾难。

　　女人最大的特质便是温柔、内敛，虽然我不希望女人过于收敛，因为过于收敛就显得懦弱、不自信了。但这不意味着女人为了显示自己的地位、能力而过于强势、张扬。事实上，情商高的女人，是懂得收敛的。她们有能力、自信，能够独当一面，甚至比男人更优秀、出色。而且她们更有涵养，亲切、善良，尊重他人，不随心所欲，也不会唯我独尊。

有一位著名的电台主持人，算是业界的一个成功女性了，而且在自己的节目中又掌握着采访中的主导权，但她从不会摆出骄慢、卖弄和过分张扬的姿态，而是不露声色、不慌不忙地把自己的观点一一道来，把想表达的东西说清楚，然后露出了一个招牌式的笑容。

有人曾经批评她的风格太过温情和小心翼翼，对于这样的评论，她不以为然："在语言上压住嘉宾是很容易的事情，但这不是我的风格。嘉宾来做节目就是我的客人，我内心会有一个坚守，就是尊重我的嘉宾。"她那种自然温和的态度，的确能让人放松下来，嘉宾会滔滔不绝地讲，很愿意把故事告诉她。

收敛，不是一种束缚，而是一种解放，该张扬的时候张扬，该收敛的时候收敛。收放得当，才能把女人美好的特质释放出来。人们更愿意与这样的女人交往，因为不会感到紧张、压抑。

伊丽莎白女王便是如此的女人。她是全世界万人瞩目的对象，这当然不仅是因为她头上的那顶皇冠，而且是在于她由内而外散发出来的修养。尽管是高高在上的女王，但出现在众人面前时，她从来不盛气凌人，而是谨言慎行、非常亲和。

比如，她经常去拜访民众，在民众面前，她不时地含笑躬身，微笑向大家致意。这让每个人都被她吸引，目光一直追随着她。

现在还流传着一个关于女王的故事：在第一次世界大战期间，英国王室为了招待印度的人民领袖，在伦敦隆重地举行了一次晚宴，身为英国女王的伊丽莎白主持这次宴会。就在宴会快要结束时，侍者按照英国惯例为在座每一位客人端来了洗手盘，当时印度客人并不知道这个洗手盘是做什么用的，他们看到盘子是非常精致的银制器皿，以为这里放的水是用来喝的，于是端起来一饮而尽。

当时在场作陪的英国贵族们看到这一幕非常尴尬，不知所措。而伊丽莎白女王不仅没有当众把这件事说穿，而是神色自若地也端起自己面前的洗手水，就好像不明就里的印度人那样"自然而得体"地一饮而尽。接着，在场的所有贵族也纷纷效仿，本来要造成的难堪与尴尬顷刻化解，宴会取得了预期的成功。

可见，女人的情商与地位、财富或名声等无关，而是与不张扬、不强势的态度，懂进退、知分寸的修养有关。

一个女人在拥有了事业、地位、财富时，千万不要沾沾自喜、自以为是，只有努力让心态保持平和，才能散发强大的魅力，赢得别人的尊重和喜欢。

不卑微，不讨好，两情相悦才是最好的爱情

很多人都喜欢美国现代著名女作家玛格丽特·米切尔的小说《飘》，被主人公郝思嘉的漂亮、聪明、倔强所吸引。而事实上，玛格丽特也是令人欣赏的女性，她的故事也具有传奇色彩。

由于母亲早逝，玛格丽特不得不辍学操持家务，如同《飘》中的女主人公郝思嘉一样，她生来就有一种反叛的气质。成年后凭着一时的冲动，玛格丽特嫁给了酒商厄普肖，但这段婚姻不久便以失败告终。

这段婚姻的失败与其说是因为厄普肖的冷酷无情、酗酒成性，不如说是因为玛格丽特的独特婚姻爱情观。尽管知道厄普肖有不少缺点，她却深深地迷恋对方，甚至是近乎崇拜，这无疑助长了厄普肖的狂放不羁。他对玛格丽特越来越不在乎，冷淡她，甚至粗鲁地对待她。

这场婚姻的不幸让玛格丽特明白了，单方面拼命对一个人好，爱情的天平会严重倾斜。之后，她重新振作起来，嫁给了记者约翰·马什。玛格丽特

打破当时的惯例，在门牌上写下了两个人的名字，她说："我要告诉所有人，里面住着的是两个主人，他们是完全平等的。"

在婚姻中，玛格丽特和马什是平等的。她不再是丈夫的附属品，不再一味地讨好丈夫，甚至不从夫姓——这在当时守旧的亚特兰大可以说是备受非议的。

马什尊重和支持玛格丽特。在他的鼓励和支持下，玛格丽特开始从事她所喜欢的写作。十年后《飘》正式出版，她一夜成名，并对外人说道："没有哪个男人可以摧毁你的美丽，只有你自己；没有哪个男人可以践踏你的尊严，除非你甘愿下贱。"

没错，没有人可以践踏你的尊严，除非你自己放弃。对于女人来说，没有哪个男人比你的尊严更重要。况且，不管是婚姻还是爱情，人人都是平等的。这里的平等，包括双方的人格精神平等、爱情姿态平等、婚姻权利平等。

有一句话说得好："宁可高傲地发霉，不去卑微地恋爱。"任何时候，哪怕你真的很爱很爱这个男人，哪怕这个男子再多么优秀，你也不能被冲昏头脑，一味地付出自己的全部。没有哪个男人值得你用生命去讨好，你若不爱自己，只会给男人看低自己的机会。

然而很多女人一遇到感情问题，就会完全忘记了自我，把爱人当作生活的全部，一味地为对方付出，甚至委屈自己去取悦对方。她们在喜欢上一个男人之后，都会有这样的想法——"对他好一点，再好一点"，仿佛如果不对他好上加好，就不足以表达自己的深情。

事实上，不是你拼命对一个人好，他就会领你的情，并且会理所应当地爱上你。

萧萧是一个漂亮、聪明又温柔的姑娘。平时，她不太爱说话，但是提到大学时期的一个学长，她整个人就都不一样了，眼睛里熠熠生辉。在萧萧的口中，这位学长品学兼优，阳光帅气。两人关系非常好，还时常相约出去游玩，有希望发展为恋人。

但事情的真相是什么呢？

萧萧和学长之间的感情并不算是爱情，因为学长并不喜欢她，只是她一直爱恋着学长。她和学长之间的故事，确切地说是萧萧对学长的单恋。

从大学时，萧萧就一直追求学长，并处于一个主动付出的状态，经常给他打饭、洗衣服，但学长的态度始终不冷不热。毕业后，两人在同一个城市工作，萧萧更是加倍地对学长好，每天对他嘘寒问暖，他经常加班，她就下班后煮饭做菜给他送过去……

最后，学长无奈地对她说："我们是不可能的，我对你只是学长对学妹的喜欢，而不是你想要的那种爱情。我们真的不合适，你不要再对我好了。"之后，他干脆把她拉黑了。

萧萧很委屈，哽咽着说："我对他那么好，我觉得他早晚有一天会感动的。可是，为什么我越对他好，他越不在意我？为什么我想亲近他，他却很抗拒？为什么我为他付出那么多，他却这样对我？"

萧萧不明白的是，恋爱如下棋，你一步一步地主动出击，以为这样自己会赢来最终的胜利，殊不知对手根本就没有与你对弈的兴趣，最终会选择弃子而逃。这个学长根本不喜欢她，所以即便她对他再好也是枉然，恐怕还会引来他的反感。

其实，很多陷入爱情的女孩，都曾经犯过萧萧这样的错误。爱情不是讨好就能够获得的，你拼命对对方好，为了对方宁愿放低自己的姿态，甚至卑微到尘埃里，反而会适得其反，让对方把你看成是负担、累赘，甚至想要寻找机会逃离你。

对于女人来说，一味地讨好对方、取悦对方，时间久了，你就会失去自我，爱得越来越卑微。一个放弃自身价值，放弃自尊的女人，又怎么能奢望对方重视你，爱上你呢？

女人最好的选择就是做好自己，懂得投资自己而不是其他人。任何男人都不需要一个只会讨好自己的女人，他们需要的是一位有价值、能够让自己欣赏的女人。所以，如果你想要赢得一个人的爱，那么就应该好好地经营自己，给对方一个优秀的你。

会吃亏是福气，是高情商女人的生活智慧

　　佳佳是一家企业行政部的人力专员。劳资处的人有文件需要整理时，经常找行政部的人做。因为这是无偿劳动，久而久之，行政部的同事们都是能躲就躲，只有佳佳时常在忙完自己的工作之后，伸出援手去做他们的"义工"。

　　在一年的时间内，佳佳帮劳资处做了不少事情，且没有任何怨言。很多同事都说佳佳太傻了，吃了大亏却依旧乐呵呵的。

　　一次，一个同事好奇地问佳佳："你又不是他们部门的人，也不会得到任何好处，为什么还要花费自己的时间和精力去帮他们呢？难道你不知道这是亏本的事情吗？"

　　佳佳想了想，微笑着说："我不是没有想过这个问题，但是我刚上班时我父亲就曾告诉我，运气和机会都是你用双手干出来的，哪个单位都不可能白养你，自己多吃点亏，人家才有可能发现你的好。同事们把任务交给我，我要加班受累，如果我抗议抱怨的话，大家也许就会把这些事分给别人做。

那么，经验的积累、同事们对你的好感度、可能升职的机会，也就同样分给了别人。你说哪样更吃亏，哪样更占便宜？"

在佳佳看来，帮助同事们做事不仅没有浪费自己的时间和精力，反而让自己学习到很多东西，赢得了很多机会。所以，她并不把这看成是吃亏，反而看成了占便宜。因为时常帮忙，她学会了公文写作；因为写公文，她开始对写作感兴趣，并将自己的一篇文章寄给了一家仰慕已久的刊物，三个月后她的处女作发表了，她收到几百元钱稿酬。

更重要的是，她的乐于助人、积极乐观给同事们留下了良好的印象，赢得了众人的好感和欣赏。之后，单位投票选举十佳青年，劳资处的投票几乎都给了佳佳，其他同事也敬佩佳佳的大气，当然也乐意投她的票。最终，佳佳光荣入选。

从某些方面来讲，佳佳是吃亏了，可事实上她却收获了别人没有得到的东西。她的人缘好到爆，事业节节高升，收获了一个前所未有的精彩世界。所以，吃亏不是什么坏事，它还可能给你带来很多好运和收获。

在生活中，若是一个女人不斤斤计较，总想着帮助他人，站在他人的角度上思考问题，觉得吃亏是福，那么虽然表面上是吃了亏，受了一定损失，可却得到了众人的喜欢和尊重，获得了内心的平静和喜悦。这就是情商高的女人。

情商高的女人，都具有大气度，不怕吃亏，善于为别人着想。当别人快乐的时候，她也觉得自己做的事、吃的亏有价值，这种心理让她摆脱了狭隘、小心眼和因此带来的烦恼。

相反，一个女人若是处处精明，时时算计别人，处处占人便宜，表面上看是得到了一些实惠，实际上却失去了人们的尊重和信赖，成为不讨人喜欢的女人。

云是一个非常精明的女人，她的特点就是从来不肯吃亏，总想着算计别人，好让自己占一些便宜。

上班的时候，她总是掐着点上班下班，不愿意加一分钟班。偶尔老板有紧急任务交给她，需要加班完成，她就抱怨连连："一点加班费都没有，我凭什么加班？""真是太过分了，我又不能按时下班了！""老板实在太狡猾，想要压榨我们的廉价劳动力，我真是太吃亏了！"

与同事相处，她也总是斤斤计较。别人寻求她的帮助，她总是推三阻四，明明能提供帮助，却说自己做不好；明明有时间解决问题，却说自己抽不开身。与同事合作一个项目，生怕比别人做得多，结果做事拖拖拉拉，经常耽误项目的进度。

她平时与朋友相处也是如此。自己过生日，总是惦记着朋友送自己什么礼物，还想着挑选贵一些的礼物；而到了朋友生日，她却想要在淘宝上为好友选礼物。平时逛街吃饭也是能省钱就省钱，从来就不主动买单……

表面上看，云很精明，实际上她傻得很。她的算计都围绕在个人利益上的得失，斤斤计较，处心积虑，总是喜欢占别人的便宜，害怕自己吃亏。结果，在工作岗位上工作了好几年，她依旧庸庸碌碌，还面临着被解雇的危机；同事们和朋友们都对她敬而远之，不愿意和她交往，最后成为孤家寡人一个。

生活中这样的女人不少，她们每天都在计较着自己的付出和收获，而且不论她怎样算，都会觉得自己吃亏了，心理更加严重失衡、暴躁，让自己陷入患得患失的困境之中。

俗话说："吃亏是福。"对女人来说，吃亏更是有气度的一种表现。所以，我们应该学会灵活地舍弃自己的利益，懂得在一些小事上做出让步。很多时候，吃亏并不意味着失去，反而会让我们得到更多，赢得广泛的人脉资源、事业，以及更美好的爱情和婚姻。

越是低调，就越能征服人心

"真正有气质的淑女，从不炫耀她所拥有的一切，她不告诉别人她读过什么书，去过什么地方，有多少件衣服，买过什么珠宝。"这是著名作家亦舒的一句经典话语，意思是一个女人低调、不炫耀，才是真正有气质的淑女。

低调是一种谦虚、不张扬的态度，即便是满腹才华也不会肆意在别人面前显露，即便是非常成功也不会到处炫耀。

亦舒说低调的女人是最可贵的，她自己也保持着低调的品质。在未成名之前，她就一直要求自己要低调，踏踏实实做人，踏踏实实写作。她在人前很少表现自己，始终保持平和的心态去对待人和事。

后来，她的作品越来越火了，但她依然低调地做着自己。为了躲避应接不暇的活动邀请，她干脆放弃香港繁华热闹的名作家的生活，带着一家人移民到寂静的加拿大，过着低调，几乎是隐姓埋名的生活。虽少与人接触，但她思想尖锐，充满现代时尚气息的作品一部接一部地问世。

可以说，她是一位出色而低调的女子，优雅地绽放着光芒，温柔又坚定。

那么，什么是低调呢？女人又如何低调地为人处世呢？

低调并不是说你要刻意隐藏自己，淡出别人的视线，成为角落里的灰姑娘，而是为人处世的一种境界和风度，是在处理事情和工作上展现突出的能力，但在与人相处的过程中，又不表现出自我卖弄、张扬的特点。这就是我们平时所说的"高调做事，低调做人"。

低调不仅仅是在一文不名时保持谦虚、礼让的品质，更是在飞黄腾达之后保持自己的谦卑，不炫耀、不张扬，有良好的德行。

同时，低调的内涵还包括脚踏实地，做好自己想做的每一件事情，有条不紊，就如同亦舒一般，通过强大的自制力和意志力，管住自己那颗功利之心，用内在的魅力征服别人的心。

生活中，有很多女人喜欢炫耀自己，表现自己。诚然，表现自己是每个人的正常欲望，是让所有人认识自己的最佳途径。但若是这种表现欲太过于刻意、张扬，那么就会让人觉得张扬跋扈，效果适得其反，实在得不偿失。

艾拉是一位职场女性，有着不错的相貌，不过你可不要把她当作中看不中用的花瓶，其实她的工作能力非常强。

艾拉也有一个缺点，那就是过于张扬，喜欢时时处处表现自己。她觉得自己曾经留过学，有能力、有样貌，必然会成为全公司最显眼、最突出的一个。所以，她在公司事事都以自己为中心，希望身边的每一个同事都能为自己服务，听从自己的指挥。

为了展示自己的完美，艾拉无论在工作上还是在生活上，甚至在选择男友的标准上，都高人一等。无论在哪里，她都想方设法地将自己设定成最受瞩目的一颗明星，将公司其他同事当作自己的陪衬物品。一旦她的这种虚荣心不能够被满足，就大发脾气。

由于工作努力和成绩突出，艾拉受到了公司的表彰。在公司的总结大会上，艾拉高调地发言说："我所取得的成绩是大家有目共睹的，我能取得这样的成绩，在于我凡事都不会只看表面，就像下象棋，我喜欢走一步看三步，目光长远，高瞻远瞩是我的最大优点，也是我的性格。"

看看她的话多么不谦虚，多么张扬和骄傲。这样的话语，怎能让其他同事舒服呢？即便她说的话是事实，恐怕也无法得到别人的认同和支持。况且，一个人的成就离不开团队的合作，她却将工作的成绩全都算在自己头上，没有看到其他员工的努力。

日子久了，谁都不想再和艾拉合作，因为没有人喜欢和一个自以为是、傲慢张扬的人合作，也没有人愿意做一个女人的陪衬。可惜，艾拉并没有意识到自己身上的问题，反而埋怨同事们因为太嫉妒自己，才会孤立和疏远自己。最后，艾拉成了公司里的另类，始终处于被孤立的状态，甚至连工作都很难进行。

过分展示自己，太过高调的女人，最终只能被人抛弃，被孤立。例子中的艾拉就是过于高调，显得太张扬了，所以才引起众人的反感。

作为女人，你可以成为事业有成的女强人，可以尽情地展现自己的能力和才华，但是却不能太过于张扬，不懂得谦虚和低调。因为真正的才华并不是炫耀得来的，真正的能力也不是宣扬出来的。真正情商高的女人，从来不会炫耀自己，而是克制自己的表现欲，以低姿态来面对所有的人和事。

你可以不圆滑，但要懂世故

素有"成人教育之父"之称的卡耐基曾经说过这样一段话："我经常去钓鱼，虽然我喜欢吃香焦，喜欢吃草莓，但我钓鱼的时候不会把香蕉和草莓放在鱼钩上，因为鱼喜欢吃蚯蚓。"

用简单的一句话来概括，就是你想要钓鱼，就要摸清鱼的喜好，然后按照它的喜好再下鱼饵。否则的话，你只能空手而归。钓鱼是如此，与人交往也是如此。在人际交往中，你需要研究他人的喜好，投其所好，才能建立良好的人际关系。

我们只有先迎合别人的兴趣，说对方喜欢听的话，并且把话说到点子上，做别人感兴趣的事情，才有可能让别人关注我们的兴趣，从而赢得别人的喜欢和赞同。

或许有人会问，这是不是太圆滑了？可圆滑又有什么不好？你懂得说话的技巧，迎合别人，才能让自己融入这个社会，拉近与别人之间的关系；你善于赞美、夸奖，说出别人爱听的话，才能赢得别人的喜欢。

当然你可以选择不圆滑，但是你却不能不懂得人情世故。一个人只有懂得人情世故，知道见什么人说什么话，才能在这个社会上立足。

林晓艳最近应聘到一个新单位担任经理助理一职。由于林晓艳热情开朗，还很会说话，深得同事和领导的喜欢。

其实，这都源于林晓艳懂得"投其所好"这一说话技巧。来到新单位之后，林晓艳开始进行细致的观察。当她得知自己的顶头上司是个比较保守的人时，她就毅然把之前的波浪卷发改成柔顺直发，超短裙变成了淑女裙，每天都以朴素端庄的形象出现在他面前，很快便赢得了领导的好感。

此后，林晓艳并没有松懈，而是充分发挥自己热情开朗、乐于助人、慷慨大方的优点，抓准时机主动与上司交往，建立了朋友般的友谊。当然，林晓艳并不是经常围着主管转，而是设法去顺应上司的性格特点。

林晓艳了解到，她的主管有一个最大的爱好，那就是打羽毛球。于是，本来对羽毛球这项运动不感冒的她，苦练了好长一段时间，然后频频在主管常去的一家俱乐部露面，并每次都和主管一起对阵、切磋球艺。在多次交往中，林晓艳与主管成了好朋友，与此同时，上司也水到渠成地了解了林晓艳身上的优点和才能，在工作中对她委以重任。

由此可见，在人际交往的过程中，要想建立和谐的人际关系，我们就要懂得些人情世故，学会投其所好。如果我们都能做到"投其所好""避人所忌"，那么我们就会打开交际的大门，拥有非常好的人缘。

当然，我们这里所说的迎合他人的想法，"投其所好"，并非是曲意逢迎，而是充分发挥女人天性中的敏感与善良，用真心与他人的情感互动。只要你付出真诚，哪怕只是一句赞美，都会在不经意间缩短你与他人的距离，为你赢得良好的人际关系。不妨再来看一个故事：

一位歌手在成名之初，曾经有这么一段行程安排：从纽约飞往香港，在香港小住一段时间，再到东南亚参加表演。

当时，她需要演出一到两个精彩的短剧，希望得到香港一位作家的帮助。

这位作家学贯中西，文笔风趣，但平时繁忙，而且脾气古怪。同时，身边的朋友还告诉她，这个作家不知道她需要什么样的短剧，可能会安排不出时间或者仓促而就，使双方都不愉快。

最后，她的朋友还为她提供了一个建议，让她去找这位编剧，但在谈话时要有所注意，最好先跟作家聊聊他的作品，再谈自己的事。

歌手听后，就开始通过网络和熟悉的朋友，了解了这位作家的大部分作品，还收集了他的很多采访录像和录音。几天过后，歌手高兴地对朋友说："我按照你教我的方法去做了，作家很爽快地就答应了我的请求。"

不难看出，说话做事不仅要靠智商，更要靠情商，知道如何说话才能赢得别人的喜欢，如何把话说到对方心坎里，让对方欣然接受你的意见。这不是我们所说的圆滑，而是为人处世的小技巧。

　　情商高的女人就是不圆滑，但是懂世故，更懂得说话的技巧，所以才能在社交关系中游刃有余，成就最好的自己。

辑六

高情商不是钻营取巧，而是成为自己的贵人

　　情商的修养，不是向外的，而是向内的，重在对自我成长的管理。情商高的女人绝不会钻营取巧，她们只会在意真正有意义的事情，坚持默默做一件事情，那就是：内外通透，身心合一，专注于自己，提升自身价值，塑造个人品牌。

绝不将就，追求最好才能做到最好

我的一个朋友，活得优雅而自律。这位朋友是一个追求完善的人，所有事情，不做则已，只要去做就要做到最好。她经常对别人说的一句话就是："你要记住一点，若能做到最好，就别勉强将就。"

她从小是一个非常普通的女孩，学习成绩并不好，考大学时因为几分而落榜。当时家里经济状况不好，父母便对她说："没考上就没考上吧，女孩子家识些字已不错。"

全家人为她规划的未来是这样的：上一所市级的普通师范类学校，毕业后在小学做一名教师，平平稳稳过一生。但是她没有接受这样的安排，她说："我还年轻，我的人生有无数种可能，我不能这样将就过之后的日子，我要追求更好的人生。"

在她的坚持下，父母同意她复读，但要求她这次一定要考上，否则只能接受他们的安排。这一年里，她废寝忘食地复习，瘦了十几斤。她说："我每天只睡四五个小时的觉，其余时间都用来复习，我就要上最好的学校。"
当她拿到一所重点大学的录取通知书时，亲戚朋友们几乎沸腾了，大家都敬佩她的执着和努力。

　　大学毕业后，她很顺利地进了一家还不错的公司，可她并没有觉得自己应该放弃努力，而是更加严格地要求自己。工作期间，她努力做到最好，很快就成了公司出类拔萃的员工，颇受领导的重视。

　　对于一个女孩子来说，谈恋爱、结婚似乎是最重要的事情。而她由于忙于事业，把自己的终身大事耽误了，将近30岁还没有结婚。为此，父母、亲戚朋友们都忙着为她介绍对象，还不停地催着："差不多就行了，别把自己拖老了！""你不能眼光太高了，遇到合适的就定下来吧。"

　　可是她却坚定地说："我就要找到自己的意中人，绝不将就。如果连自己的终身大事都将就，那么生活还有什么意义呢？"

　　父母说："你呀，从小就犟，从来不懂得将就。"

　　她却反驳说："将就？为什么一定要将就呢？事情没有去做之前，就先告诉自己将就着过，那就不用做了。若是能够做到最好，就别将就，否则我们永远也别想得到什么好结果！"

　　30岁那年，她风风光光地出嫁了，对方是一个高大帅气又贴心的青年才俊，她终于找到了属于自己的爱情。

　　不管任何事情，如果你抱有将就的心态，做个差不多就满足了，那么永远也得不到什么好结果。慢慢地，你就会失去原本的能力，满足于得过且过，让自己失去努力、追求的欲望。

然而可悲的是，我们身边不乏抱有将就心态的女人，做什么事情都觉得差不多就可以了。

"不就是螺丝拧歪了吗，又影响不了大局。" "不就是报表里错了一个数字吗，下次注意点就行了。" "不就是文件页码装订错了吗，下不为例就是了。"……可真的差不多就可以了吗？

答案是否定的。很多事情表面上看着差不多，实际上却差得很多。我们时常说，差之毫厘，谬以千里，说的就是一个小细节的差距都可以产生天上地下的差距，更何况我们所谓的"差不多"呢？

君君做什么事情都力求差不多，时常挂在嘴边的话就是："凡事只要差不多就好了。"

君君小的时候，妈妈叫她去买几个橙子，她买了几个柠檬回来，还对妈妈说："橙子和柠檬不是差不多吗？"妈妈气不过，切开柠檬给她吃，结果她差一点儿被酸掉大牙。

君君上学的时候，一次地理老师问她："河北省的西边是哪个省？"她说是陕西。老师说："错了，是山西，不是陕西。"君君不以为然，回答说："陕西同山西不是差不多吗？"结果，中考时恰恰遇到这一题，君君的答案依然是陕西，结果以一分之差与重点高中失之交臂。

后来，君君在一家贸易公司做秘书，她认为自己的工作很简单，根本不值得全心投入，更不必花费太多精力，于是敷衍工作，只做到差不多就行了。结果，她常把十字写成千字，千字写成十字，为此经常受到领导的批评。

一次，公司的采购员到东北一家小麦产区采购小麦，产区负责人给出的价格是每吨小麦1000元，采购员问公司老板："小麦每吨1000元，价格高不高？买不买？"老板调查了一番市场，对她说："哪有这么高的价格，现在最高的价格也不到900元，通知采购员，就说价格太高！"君君赶紧给采购员发邮件说："不太高。"

没几天，采购员带着签订的购销合同回来了，老板莫名其妙。追查原因才知道，君君发邮件时，"不"字的后面少了个句号。如果履行合同就会给公司带来100多万元的经济损失，后来经过多次协商赔偿对方10万元才算了事。当然，君君最后被辞退了。

日子一天一天过，君君越发抑郁，她问自己："这就是我的人生吗？为什么活得如此失败，毫无任何亮点可言？"可这又能怪谁呢？若不是她凡事都敷衍，又怎么会过得如此失败？

当你抱怨自己生活不理想，或命运不济时，不妨问问自己："我做到全力以赴了吗？我发挥了自己的最好水平吗？"如果没有的话，那么就不要抱怨什么了，因为你根本没有资格抱怨。

　　把所有的事情都做到最好，这不仅是做事态度的问题，更是人生态度的问题。一个情商高的女人，绝不会把"差不多"挂在嘴边，因为她知道这会成为人生的局限，会影响自己人生的品质。

不要把生命浪费在闲言碎语上

　　伟玲是一个普通的女人，什么都好，就是特别喜欢抱怨。不管大家去哪里玩，吃什么东西，在什么时间，她都会喋喋不休地大吐苦水。而她每天抱怨的事情，无非就是有些同事凭什么晋升得比自己快，工作上哪个同事给自己使绊子，为了保全职位不得不拉拢同事，等等。

　　开始和她在一起的朋友还经常安慰她，不必为这些事计较。但是这些安慰和劝告却没有一点效果，她根本听不进去。朋友也只好听之任之了，喜欢听就听听，不喜欢听就打个岔。后来，朋友们有聚会，都不愿邀请她了，因为谁也不愿意把时间浪费在听她那些毫无意义的抱怨上。

　　很多女人不愿意被人说"头发长，见识短"，可偏偏有些人就是格局太小，目光太浅。伟玲就是这样的人，她每天不是处心积虑地和人钩心斗角，就是为鸡毛蒜皮的小事忧心劳神。结果，她的生活越来越糟糕，内心越来越烦恼、憋屈。

我们生活在这个社会，每天都要与各种各样的人交往，每天都要处理各种事情，面对各种压力，有些抱怨和牢骚也是在所难免的。但是，若是每天纠结于这些繁杂琐事，把时间和精力都浪费在抱怨和吐槽上，那么就会浪费掉宝贵的时间和生命。

生命是宝贵的，时间也是宝贵的。你若是不能让自己从生活琐事中分身，不能让自己从闲言碎语中脱离出来，那么你的生活就会杂乱无章。

聪明的女人不是没有烦恼，也不是没有委屈，但她们不会把时间浪费在抱怨上。她们有控制自己情绪的能力，有掌握自己生活的智慧，而且善于把眼光放在更重要的事情上。因为她们的格局够大，心胸够宽广，眼界够长远，所以她们不会在一个小世界里团团打转，她们在乎更重要的事，忙着自我提升，忙着生活情调。而她们也活出了属于自己的精彩，成就了最美好的自己。

偶然的机会，我认识了一位大学老师，这位老师不过27岁，但思想活跃，见解开明，有足够大的格局。

很多人认为大学老师是这世上最舒服的工作——每周就几节课，不用朝九晚五地坐班，不用应酬难搞的客户，一年还有三个月的大长假……多么逍遥，多么自在！如果你是这样想，那就大错特错了，至少这位老师的生活并非如此。

这位老师负责教授学生们哲学和思想政治课程，这两门课程都是很枯燥无味的，但她却能讲得深入浅出、生动有趣，所以非常受学生的欢迎。由于在教学上突出的表现，她被评为"年度优秀教师"。

木秀于林风必摧之，结果几个不得志的女同事不服了，她们暗地里给校长写了一封匿名信，说她年少轻狂、爱出风头。

一位资格老的同事公开对人说："我从教几十年了，教学经验丰富，要是评优秀教师，也应该轮到我了。凭什么她这么年轻，就抢了这么好的机会？"这位同事说话很不客气："有些人爬得真快，也不想想是谁在给她垫着背。""人家年轻人长得好看，机会自然多……"

谁遇到这样的事情，都会气愤难平吧！可这位老师却丝毫没有受影响，对那些无事生非的人敬而远之，然后继续一门心思地上自己的课。她关心学习相对落后的学生，调停学生矛盾；她四处奔走联系优质的企业，为学生寻找实习和就业机会；安排校园讲座的大事小情……这一系列工作，使她在学生心中树立了威望，赢得了敬重和爱戴，也一次次得到了校领导的表扬。

她心平气和地对朋友说："我是来工作的，而不是来'宫斗'的。作为老师最重要的就是教书育人、授业解惑，现在我把时间和精力都用在了我的学生身上，虽然累点，但内心清静，而且学生们如此认可我，我感到很满足。"

这位老师视野广，见识多，她明白重要的事情是什么，所以始终朝着自己既定的目标前行。这才是一个女人应该有的大格局。

"人生最怕格局小"，这句话说得一点都没错。女人可以有小情调，但是不能没有大格局。当然，这所谓的大格局并非指拥有雄心抱负、梦想计划，而是指一种为人处世的眼光和胸怀。有大格局的女人有走出狭隘自我，不为外物所扰，不为琐事而烦，放眼看世界的心境。

请相信，你的世界足够大，实在不应该把时间浪费在那些无关紧要的事情上。走出狭隘的自我，放大自身的格局，如此一来，你的生活才会变得更加精彩，迎来更美好的明天。

幸运就是在人们看不到的地方努力

很多女人时常抱怨说："为什么她如此幸运，可以轻松获得成功？可我却这么倒霉，怎么努力也无法成功？""凭什么她这么好运，能够得到老板的青睐，升职加薪？而我却只能做个平庸的小员工？"

这些成功的人真的仅仅靠幸运吗？答案当然不是！

一个人成功与否，固然与环境、机遇、天赋、学识等外部因素相关联，但更重要的是自身的勤奋与努力。只有你付出了汗水，才能有收获的机会。只有你努力拼搏了，才能得到想要的成功。

那些看上去非常幸运的女人，你往往只是看到了她们成功后的笑容，却忽视了背后那些不为人知的汗水。她们是用努力换来了所谓的"幸运"。

人们都说，马静是一个幸运的女人。要不然，她学历一般，能力也不出类拔萃，怎么能在短短三年时间里从一名文秘晋升到部门经理呢？只有马静自己清楚，她的成绩完全是因为工作勤勉，一步步走上去的。

刚进这家公司时，只有大专毕业的马静很不起眼，部门里学历高、能力强的人才层出不穷。马静自知自己没有什么优势，只有比别人更勤奋。

最初，马静每天的工作就是整理、撰写和打印一些材料。这原本是一件很简单的工作，但是马静却想为公司多做一些事情。由于整天接触公司的各种重要文件，又学过有关财政方面的知识，细心的马静发现公司财务运作方面存在问题。

于是，除了完成每日必须要做的工作外，马静开始搜集关于公司财务方面的资料，常常在公司加班。经过一段时间后，她又将这些资料分类整理，并进行分析，最后一并打印出来交给了老板。老板详细地看了一遍这份材料后，感到很欣慰。当然，为了表彰马静的功绩，老板不仅给她加了薪，而且还提拔她为经理助理。

后来，公司的一位文秘因急事突然离职了，留下许多需要紧急处理的工作。其他同事都不太情愿接手，这时马静主动请缨，暂时接管了下来。于是，她的工作就变得忙碌起来，除了帮助经理做好各项事务之外，她还要兼顾整理、撰写和打印材料等工作。

这段时间里，马静每天都很辛苦、很劳累。值得高兴的是，她的工作能力得到了经理的高度认可。后来，公司开设新部门时，马静直接被任命为经理，她的事业和生活上了一个新台阶。

马静得到老板的重用，获得比他人更多的成功机会，是因为她好运吗？

不！是因为她勤奋，坚持勤勤恳恳地去努力，去付出。即便她是好运，那么她的好运也是用拼命努力换来的。

付出总有回报，这是千古不变的法则，凡是在事业上取得成功的人总是比别人做得更多。所以，不要埋怨自己的收获比别人少，为什么不冷静想想你够勤奋吗？

一个女人越努力，就越成功、越幸运。不管到什么时候，最终得到美好未来的人，无不经历千辛万苦，无不付出了别人无法想象的努力和汗水。这是我们不能否认的真理，是我们获得成功的关键途径。

不要等着好运凭空降临到你头上，因为从来就没有天上掉馅饼的好事。况且即便有这样的好事，你就能保证轮到你吗？若是你不肯行动，只是坐着等待天上掉馅饼，就算上帝想要帮你，也没有任何办法。不是吗？

说到这里，想到一个笑话：

有一个好吃懒做的中年人，整天揣着两只手东逛逛西溜溜，却又总想着发财致富，这天他来到教堂祷告："上帝啊！看在我对您虔诚的分儿上，就让我中一次彩票吧！阿门。"

几天后，他又来到教堂，同样祈祷着："上帝啊！你就让我中一次彩票吧，以后我一定更加虔诚地服从你。阿门！"

又过了几天，他再次到教堂祷告，但是头等奖都被别人给中了，压根就没有他的份儿。

又过了几天，这位中年人变得无比绝望，抱怨说："我的上帝呀！只要我中一次彩票，我愿终生侍奉您，您为什么不聆听我的祈祷呢？"

这时，上帝发出了庄严的声音："可怜的孩子呀！我一直都在聆听你的祷告，可是，最起码你也应该先去买张彩票吧！"

这个故事看似可笑滑稽，但是却让我们明白了一个深刻的道理，那就是你不付出、不努力，永远也不可能迈向成功。故事中这位中年人过于懒惰，成天想着中彩票，却一次也不买彩票，一点也不付出，即使上帝发善心真想帮助他，也帮不了他啊！

所以，不要总是羡慕别人的幸运和成功，抱怨自己的倒霉和失败。因为你在做白日梦的时候，别人已经拼命在努力了，当你乞求上帝赐予你好运的时候，别人却始终努力着、付出着。

事实上，每一个幸运女人的背后，都有你看不到的努力；每一次获得的背后，都有着不为人知的辛酸。如果你想要和别人一样幸运，就需要付出自己的努力和汗水。

当然，需要注意的是，一时的努力和付出并不难做到，但要一生努力和付出却不是一件很容易的事情。因为成功需要一种持之以恒的精神，需要坚韧的性格和坚强的意志，需要数年如一日地付出心血和汗水。

我们只有克服懒惰的想法，始终坚持努力，才能收获别人眼中的"幸运"。

尊重他人，是一个女人最好的品质

美国心理学家威利·詹姆士说过："人类天性至深的本质，就是渴求被人重视。"他说的不是"希望"，或"欲望""渴望"，而是说"渴求被人重视"。所以，如何顾全对方的自重感是人际沟通的一大学问，也是打动人心的关键因素。

简单来说，每个人都喜欢那种被人重视、被人尊重的感觉，都希望自己被别人肯定。与人相处时，如果我们能够给予他们足够的尊重，那么就会轻松地打动他们的心。相反，若是我们不重视对方的意见或想法，没有给予其足够的尊重，那么对方就会情绪低落，甚至可能产生怨恨的心理。

当然，生活中你若是想要得到别人的尊重，就必须做到先尊重别人。想要别人怎样对待你，你就必须怎样对待别人，因为尊重是相互的。

传说，古代有个国王，为了打退敌国的入侵，特地向一个巫婆求助。

巫婆答应帮助国王，但她提出一个条件：要嫁给这个国王的儿子——一个英俊的王子。

这个巫婆是个丑八怪，而且还总是满嘴脏话，让人感到很不舒服。国王为了国家的利益答应了她。

击退敌军后，国王选了一个黄道吉日，给王子和巫婆举行了婚礼。婚礼宴席上，众宾客因为巫婆丑陋的外表和缺乏教养的谈吐而感到不舒服。

将这一切看在眼里的王子说："我遵守我的诺言，同时我也尊重你的习惯。"

听了王子的话，巫婆高兴极了。

到了晚上，当王子进入洞房之后，他惊呆了。原来，床头坐着一个温柔而漂亮的女子，而这正是巫婆的原形。

这个女子对他说："由于你尊重我的感受，我决定也尊重你的感受，我会用一半的时间恢复我的原形，但是你希望是白天恢复还是晚上恢复呢？"

这个选择让王子感到有些为难。一方面他希望白天陪在他身边的是这样一个温文尔雅的女子，这样就会让宾客们看到王子的新娘是个如花似玉的美女；但另一方面，他又希望自己晚上面对的是容貌美丽的女子……王子索性不去选择了，他对巫婆说："无论你选择什么时候变回你的原形，我都尊重你的选择。"

听了王子的回答，巫婆笑了笑说道："既然这样，那我决定从今以后不管白天还是晚上，我都以这样一个美丽的形象去面对你和宾客们。你尊重了我的感受，我也要成全你。"

这虽然只是个传说，但是我们不难理解其中蕴含的道理，那就是：在人与人之间的交往中，尊重是基础。

人们需要的是别人的尊重，想要获得一种自豪感。一旦你让他感觉到了自己的重要性，让他有足够的权利和自由，那么他的自信就会扩大，从而让他变成一个和善、善于沟通的人。

当然，由于成长环境和所受教育的不同，人与人之间难免会意见不同，使得我们喜欢某个人会格外困难。实际上，这是很自然的事。但是我们要知道，每个人都有他值得尊重的品性。

打个比方，如果你的朋友说"最近我好像胖了很多啊"，这时候你要是跟上一句"看来你要变成肥婆了啊"，那就太不聪明了。或许你会说，是他自己先说了他的缺点，我不过是附和一下罢了，有什么关系呢？殊不知，人家自嘲是智慧，但要是从你的嘴里说出来就是揭人家的伤疤了。

一般来说，涉及别人的短处，触及他人的伤疤，都是伤害别人自尊、不尊重他人的表现。你若在大庭广众之下揭他的短，让他下不来台，即使你的初衷是善意的，也会让对方产生误解。即便是好朋友之间，友谊的桥梁也会顷刻间坍塌。

有些女性虽然聪明、伶牙俐齿，在交际场上口若悬河、滔滔不绝，但是却不懂得尊重他人，时不时忽略对他人的尊重，以至于说话口无遮拦，做事肆意妄为。比如她们喜欢揭别人的伤疤，或是有意无意提及别人的敏感之处。

在大学的时候，巧巧和丽丽住同一个寝室，两人关系特别好，无话不说。后来，巧巧发现丽丽从来不提自己父母的事，于是就随口问了出来，丽丽一下子眼睛就红了。原来丽丽的父母在她上小学的时候就离婚了，后来爸爸病逝，妈妈嫁了别人，自己一直跟着小姑生活。

为了安慰丽丽，巧巧也说出了自己的一个秘密——自己有狐臭。她之前做过手术，但并不彻底。因此，巧巧很害怕和别人靠得太近。

因为分享了彼此的秘密，两人的关系更加亲密了，最后两人约定为彼此保守秘密，谁也不能将对方的秘密说出去。

可是，巧巧却没有守住承诺，竟然轻易地把丽丽的秘密说了出去。当时巧巧在与人聊天时，不知不觉把话题引到了单亲家庭上，她随口就说道："你们不知道吧，丽丽就是单亲家庭的孩子。可是她妈妈也不要她了，她现在和姑姑一起生活，实在是太可怜了！"

这件事情很快在班里传开了，大家都在背后对丽丽议论纷纷。丽丽知道事情的真相后，非常愤怒地质问巧巧："我相信你，当你是最好的朋友，才把自己的秘密告诉你！没想到你是这样的人，竟然辜负了我的信任！从此之后，我们再也不是朋友！"

丽丽因为信任巧巧，把自己的秘密和伤痛告诉了巧巧。可是，巧巧却随意把这个秘密说了出去，这是对丽丽的极度不尊重。最终，巧巧失去的不仅仅是友情，还有周围人的信任和尊重。

尊重别人是高情商女人的基本修养，我们要时刻让别人感受到我们的尊重，别让他人感觉你是口无遮拦，不懂得尊重人的女人。只有做到时时处处尊重别人，我们才会得到别人的尊重。换句话说，尊重别人，就是尊重自己。

你可以温柔，但必须态度鲜明

　　曾经看过这样一个故事：一位年轻的英国设计师，有幸参与了某城市政府大厅的设计。这样的机会对于任何一名设计师来讲都是十分值得珍惜的，尤其对他这样一个年轻的设计师来说就更是如此。为了设计这座政府大厅，这位设计师倾尽心力，做出了多种方案。其中一个方案是只需要一根柱子便可支撑起大厅的天花板，他认为这个方案是最完美的。经过一年多的时间，大厅建设完毕，看起来无可挑剔，完美至极。

　　然而，令所有人意想不到的是，就在相关专家对大厅进行验收的时候，有人对这根柱子提出了异议。他们认为这种做法太过冒险了，于是提出再多加几根柱子。年轻设计师对此意见持反对态度，他相信自己的设计是万无一失的，这一根柱子足以保证大厅的稳固。他将相关数据和实例详细地列举了出来，并一一分析给验收的专家们看。

　　可是，专家们从未见过这样的设计，他们凭借自身的经验，都认为这样不合理。为此，他们还因为设计师的顽固而试图将他送上法庭。迫于无奈，那位年轻设计师最终同意在大厅的四周再添加四根柱子。

之后，这座市政府大厅矗立了三百多年，市政府的工作人员换了一茬又一茬。这一年，市政府准备将大厅的天花板修缮一下。就在工人对大厅的天花板进行检查的时候，发现了一件令所有人无比惊讶的事。原来，当初添加的那四根柱子全都没有接触天花板，而是与天花板间相隔了几乎无法察觉的两毫米。

这位年轻设计师的名字叫克里斯托·莱伊恩，事后人们在他的日记里发现了这样一段话："对于自己的设计，我非常有自信，我相信设计的合理性和科学性。至少100年后，当面对这根柱子时，你们会哑口无言的。我要说明的是，那时候在你们面前的，不是什么奇迹，而是我对自己的一点坚持。"

没错，只要你坚信自己是正确的，就应该坚持下去，不要在乎别人的看法，更不要受别人观点的左右。事实上，很少有女人能够坚持自我，反而会因为种种原因妥协、退让，做出违背内心的决定。

比如，在周围人的催促和暗示下，你与不怎么爱，却被称为"最适合"自己的人捆绑在一起，一辈子过得不幸福。

再比如，你看中了一件漂亮的连衣裙，因为价格太贵了舍不得买，你就买了另一件便宜的，可心里有了最美的那件连衣裙，其他的就变成了"次"的，"次"的再怎么便宜，也弥补不了内心的遗憾，不是吗？

聪明的女人一定是一个有态度的女子！这所谓的态度，就是有自己的主张，坚持自己的坚持，不因为别人而妥协，不因为环境而退让。在与人相处的过程中，我们可以做一个温柔感性的女人，但必须态度鲜明，坚持自己应该坚持的。方怡就是这样一位有态度的女性。

方怡看起来是一个很随和的女人，说话很温柔，总是微笑，对人也是很友好的。但很快，我发现了她的另一面。

方怡不怕总编辑催稿，也不怕得罪下属，凡是她负责的稿件，她都要求质量一定要上乘，所以上交给她的稿件，一般都会被要求修改很多次。一次一个同事提交的稿件，前前后后修改了五六次，方怡还是提出了很多意见，并要求该同事继续修改。

这位同事受不了，当着方怡的面说她是"拿着鸡毛当令箭"。方怡没有生气，而是态度强硬地说，稿子必须重新修改。正因为如此认真，方怡负责的稿件一直是杂志社里最好的。

平时方怡看起来是很好相处的人，实际上不是好搞定的主儿。据说，和方怡相过亲的男人能坐满三四桌，其中不乏有钱的、有权的、长得帅的……可方怡就是一句话："没眼缘！"

有人好奇地问她："真的没有合适的吗？为什么不找一个人试一试呢？"她严肃地说："无论是事业，还是爱情，千万不要轻易妥协，妥协只是看起来省力了，但只要你退了一步，哪怕是小小的一步，你就很难再有心气儿往前迈进了。"

做自己，坚持做好自己，这就是一个女人最大的智慧！所以，不要为了别人而为难自己，做自己想做的事，然后态度鲜明地坚持自己，并敢于承担不妥协的代价。

相信你的坚持定能给你带来丰厚的报偿，比如更多的自由、内心的平静和喜悦、梦寐以求的生活等。

请相信，没有一副肩膀能代替你的一双翅膀

同一件事情，不同的人去做，往往会有不同的结局，差别就在于人的意志力和抗压力不同。情商高的女人通常拥有更强大的内驱动力，意志坚定，即使困难重重，也不会逃避不会退缩，而是不断自我激励、自我鞭策，将梦想付诸行动，将不可能变成可能。

多些耐心，废墟上也能开出花朵

　　她是一个普通的女孩，由于家庭贫困，父母生病，她很早就辍学了。小小的年纪，她便要担负起养家的重任。她14岁那年，来到了离家不远的小镇上卖酥油茶。为了吸引更多的客户，她的杯子总是比别人家的大一号，自然也受到了人们的喜欢。

　　通过辛苦的工作，她攒下了一笔钱。她不想始终生活在这小镇上，更不想一直过着贫穷的生活。于是，她决定将摊点搬到市区，并且改卖当地特有的一种兰州茶。这一年，她17岁。制作这种茶是很麻烦的一件事，但是她凭借着自己的努力，很快便掌握了其中的技巧。很快，她便在市区站住了脚，生意也慢慢地红火起来。

　　之后，她继续发展自己的生意，把以前的小摊换成一间小门店，把卖茶的地点从市区搬到了省城银川。这一年，她20岁。经过几年的磨炼，她已经成为一个老到的生意人，懂得如何吸引更多的客户。每次有客户上门时，她都提供周到热情的服务。因为她的酥油茶品质很好，绝对不会出现以次充好的情况，深得客人信赖，总是临走前从这里买上几袋酥油茶。

到了24岁的时候，她已经和茶打了10年的交道。几年后，她在全国各地拥有了五十多家茶楼。茶商提及她的名字，总是赞不绝口，因为她从来不拖欠茶款，茶商也愿意将最好的茶卖给她。

当然这并不是她的终极目标，她最大的目标就是让原本习惯喝咖啡的国度也能洋溢着茶的香气。随着社会发展速度的加快和各种新事物的层出不穷，总会出现一些一夜暴富的神话，但是她始终耐心地和茶水打着交道，耐心地与品茶的人打交道，她说："我是个卖茶的，也永远是一个卖茶的，我一定会一条路走到底。"

就这样，在30岁那年，她把自己的茶庄开到了新加坡、泰国等。

有人说她是幸运的，成为人人羡慕的成功人士。可是，如果不是拥有足够的耐心，不浮不躁，默默坚持，她又怎么能获得如此的成功？

少一些浮躁，多一些耐心和坚持。多一点耐心，你的努力便可以沉淀；多一份坚持，你的付出便会开出花朵。

然而，生活中的很多女人却缺少这样的品质。她们谈起理想总是意气风发，可是一到做事就心浮气躁，朝三暮四，浅尝辄止，从来不肯为一件事倾尽全力，结果只会让自己步伐慌乱，离成功之路越来越远。她们经常抱怨"我不如××运气好，没有遇到好的机遇。""我没有人家的实力和本事，只能做一个普通的人。"

芳芳是一个90后的河北女孩，个性张扬，不拘小节，打扮时尚，这是她留给众人的第一印象。如果不是她自己说，谁也想不到，这个师范毕业的23岁女孩，在短短的两年时间竟然跳槽五六家单位，最长就职时间6个月，最短只有15天。

芳芳找的第一份工作是在省会附近一家幼儿园当舞蹈老师，每天教孩子们唱歌跳舞，感觉挺好的，作为一个实习生工资两千多也算勉强可以，但她爱买衣服，买化妆品，再加上房租、吃饭等，每月所剩无几。于是，芳芳在同学的介绍下，坐火车到上海一家私立贵族幼儿园应聘并如愿以偿。

第二份工作每月薪水比之前高了近两倍，但芳芳干了几个月，就备感孤独。于是，她又回到了省会，经朋友介绍，到一家贸易公司做文秘工作。可工作了不到两个月，她又坚持不住了，于是甩手走人。

芳芳见一个亲戚在开网店，于是也开了一个淘宝店卖服装。爱漂亮的她感觉这份工作很对自己的兴趣，又非常自由，不用朝九晚五，兴致挺高。但她很快又发现，做淘宝店也不是一件轻松的事，不仅要自己进货、拍照、上传、和顾客交流，还要面临网店之间激烈竞争带来的巨大压力，所以很快她又放弃了。

毕业两年了，芳芳却依然没有一个稳定的工作。对此，她十分苦恼："我感觉工作和生活的压力太大了，经常会莫名其妙地处于焦躁不安之中，头痛、失眠，而且动不动就想发脾气……"

像芳芳这样的女人缺少的不是实力和本事，而是缺少沉稳的内心，做事情时太过浮躁，总是浅尝辄止，结果总是一事无成。与其如此，不如平息内心这股浮躁之气，沉下心来踏踏实实做事。

　　放眼看那些情商高的女人，哪一个不是不浮不躁，默默坚持？她们褪去了稚气与浮躁，做事情沉稳踏实，最终做到了对工作和生活的绝对掌控。

有爱情，也要有买面包的能力

有一个学妹，大学期间爱上一个男孩。她每天给男孩写一封情书，表达自己的浓浓爱意，并同步发到自己的微博上，这样做了大半年。男孩不胜其烦，不仅无情地拒绝了她，最后甚至把收到的情书贴在宿舍下的公告栏里。

此事在学校闹得沸沸扬扬的，学妹一时间成了众人嘲笑的对象。她深受打击，一蹶不振，迟迟走不出这个阴影。

对这个执着的女孩，我很惋惜她把大好时光浪费给了爱情，认真思索一番后，才劝解道："爱情这件事，不是倾尽所有，就会有好结局，但工作不一样，只要你是真的努力，它定不会辜负你。如果感情让你伤心了，那就去拼命工作吧。例如，你现在大可以利用自己的时间和精力，写点别的东西，而不是情书。"

在我的建议下，学妹开始坚持把自己每天的想法和出去看到的事情以文字的方式记录下来。就这样，她的文笔得到了很好的锻炼，在别人还在焦虑毕业去向时，她已经在一家报社实习，并在毕业之际顺利地留下来。后来，她与报社的一位男同事互相吸引，然后谈起了恋爱。

"努力工作的女人最美"，这是台湾曾经最为流行的一句广告语，此语一出立即在社会上引起一阵不小的轰动，不但使职业女性情绪高涨，而且让非职业女性跃跃欲试，还成了男人们评价新时代女性美的重要标准。

工作除了让女人经济独立，还可以让女人实现自己的价值，令女人散发出无与伦比的魅力，这是涂多少胭脂水粉都无法做到的。

首先，努力工作的女人可以自己赚的钱自己花，自己的生活自己做主，这最能让女人找到人格上的尊严。面对自立自强的女人，相信每一个人都会由衷地赞叹她的美丽的。

同时，工作让女人不被拘束在那狭小的家庭生活的空间，可以广泛深入地了解这个社会。工作的女人视野开阔，心也会随之变得澄明，能时常焕发一种蓬勃的气息。当你工作的时候，你不是苍老的，说明你还有年轻的斗志，还有对未来的渴望，让人看上去时刻都容光焕发。

有句话说得好：靠山山会倒，靠人人会跑；只有自己最可靠。女人最靠得住的资本是什么？是自己的能力！所谓能力包括赚钱的能力，即拥有一份自己的工作，拥有一份自己的收入，如此才能更好地追求自己的幸福。

生活中，很多女人总是幻想美好的爱情，把"有情饮水饱"当作至理名言，可事实真的如此吗？

　　菁在大学期间爱上了一个家境不富裕的小伙子，而且那人近30岁仍然三天两头换工作，拿着微薄的工资。父母不能接受，但菁坚持爱就是一切，毕业后不顾父母的反对嫁给了对方。

　　婚后不久，菁怀孕了。菁之前就没有上班，现在怀孕更不可能找工作了，而丈夫每月工资只有两千多元，只能满足基本的生活需要。为此，菁不得不学会勒紧裤腰带过日子，经常为了柴米油盐与小商小贩讨价还价。

　　菁以为两个人相爱就行，钱不重要，但现实却给了她重重一击。孩子出生一年后，菁的母亲突发脑溢血，昏迷两个多月后，总算恢复了意识，可惜身体留下残疾，半个身子不能动。

　　作为独生女，菁希望能帮助父母分担一部分生活费，但丈夫却说自己背负不起。菁抱怨了几句，谁知丈夫居然气呼呼地说："你不是不在乎受苦受累吗？怎么现在就开始嫌弃我了？若是这样，我们干脆分开吧！"

　　之后，两个人经常因为钱吵架，菁无奈地向朋友哭诉说："婚姻光有爱情是不够的，爱情不是面包，不能当饭吃。现在活得这么累、这么尴尬，我真后悔当初没有听父母的话……"

　　女人的头脑可以充满风花雪月的爱情，但绝对不能少了维持生活的面包。没有面包做保障，再美好的爱情也是空中楼阁，虽美，却不实用。

　　我们不能说菁的丈夫变了，辜负了菁的爱情，而是因为生活实在太难了，他自己支撑这个家也并不容易。试想，如果菁能撑起这个家，有自己的一份收入，有自己的谋生方式，他们的生活会不会好一些？他们之间的爱情和婚姻是不是更加长久和谐呢？

　　所以，一心向往爱情的姑娘们应该明白一个道理：没有面包的爱情寒酸无比，没有爱情的面包索然无味。我们一定要努力生活，至少能养活自己，将来在遇到喜欢的那个人的时候，能骄傲地说"你给我爱情就好，面包我自己会买"，从而赢得对方的尊重和爱。

克服"不可能"，你便是自己人生的王

玫琳凯是一位了不起的女性，有一本女性刊物刊登了她的传奇故事。

1918年，玫琳凯在美国得州休斯敦市的一个小镇出生了。由于家境贫困，父亲又患上肺结核卧病在床，母亲为了全家人的生活不得不在一个餐厅中每天工作14个小时以上，玫琳凯就当起了爸爸的厨师与护士。

对于年仅7岁的玫琳凯来说，无论是照顾父亲，还是做家务，都是非常复杂、棘手的事情。有时候，因为不知道怎么操作，玫琳凯只好一次又一次地给母亲打电话求教。"你能行""你一定可以"，这是母亲经常对她说的话，它们激励着玫琳凯积极向邻居、护士们学习做饭、医护等工作。

很多年后，高中毕业的玫琳凯和当地一位叫罗杰斯的男子结婚了。但是命运似乎有意和她过不去，丈夫服完兵役回来后与另一个女人走了，留给她3个孩子。当时的玫琳凯没有工作，也没有任何经济来源，怎能抚养得起3个孩子呢？她陷入了人生的低谷。

　　不过，很快玫琳凯想起母亲的鼓励——"你能行""你一定可以"。于是，玫琳凯很快从婚姻的阴影中走出来，找到了一份既能糊口又不至于完全打乱家庭生活的直销工作，带着3个孩子艰难地生活着。

　　一段时间后，凭借自身的勤奋和努力，玫琳凯成为一名十分出色的销售员，拿到年薪2.5万美元的高额薪酬，为3个孩子创造了优越的成长条件。退休后的玫琳凯打算写一本书，指导女性在男性统治的商界里生存，但后来一想，既然自己有这么多的经验和想法，为什么不自己开一家公司呢？

　　开公司可不是一件容易的事，但玫琳凯相信自己能做到，她用"你能做到"的精神来激励其他女性加入自己的事业。就这样，玫琳凯公司的业绩越来越好，从一个名不见经传的小公司成长为美国最大的护肤品直销商，而玫琳凯本人获得的各种奖项更是不计其数。

　　多年后，玫琳凯在一次活动中，深深地表达了对母亲的感激之情，她说："母亲告诉我，只要你愿意相信自己，相信自己一定能做得更好，你就能完成世界上的任何事情，这培养了我对成功、对美好生活的坚定信念……"

　　玫琳凯的故事告诉每一个女人，不要对自己说"不可能"，除非你已经拼尽了全力！只有相信自己，努力做到最好，发挥自己的潜能，你才能赢得成功和别人的赞赏。

　　你可能一直以来都很普通、很平凡，但请相信只要你足够相信自己，并且努力做自己想要做的事情，就有能力和机会光彩照人，赢得美好人生。

　　千万不要对自己说："不可能……我不行……我的学历太低了……我长

得不漂亮……我的能力也不高……我能做的就这些了……"要知道，"不可能"是你对自己的宣判，一旦你给自己贴上这样的标签，那么就很可能什么也做不好。

两年前，一位女孩从南方某城来北京求职，女孩的叔叔是一位成功的企业家。由于比较了解侄女的能力和才华，他给北京一家通信企业的总工程师写了一封推荐信，推荐自己的侄女去面试。可他的侄女却认为自己的能力有限，迟迟没有去面试。

这时候，女孩的父亲打来电话。父亲也非常了解自己的女儿，他想到女儿之所以不去叔叔推荐的单位，很可能是怕自己应聘不成功，或者担心应聘成功了却不能做好，到时候给叔叔丢面子。于是，父亲给她讲了一个故事。

有人做过这样一个实验：将一只跳蚤放进玻璃杯，跳蚤跳的高度一般可达到它身体高度的400倍，如果再增加一些高度，跳蚤就跳不出来了。但是当他把一盏酒精灯拿到杯底之后，跳蚤越来越热，等到热得受不了的时候，它就"嘣"地一下跳了出去。

听完父亲讲的这个故事，女孩决定试一试，于是拨通了那家单位人事经理的电话，并约好了面试时间。在面试之前，她的心情还是有些忐忑，不过她定定神，告诉自己："我可以！"

面试过程非常顺利，她的表现十分优秀，一举赢得了在场所有面试官们的好评。后来，她成了这家500强企业的部门经理，而且做得十分出色。

　　你是不是也如这个女孩一样，曾经怀疑自己的能力，认为自己肯定做不好某件事情？其实，信心是一种态度，它虽然不能直接给我们需要的东西，却能告诉我们如何得到。因为，相信"我能行"的态度，会激励我们想如何去做的方法。

　　世界上没有一件事是绝对"不可能"的，事情一开始谁都不知道结果怎样，在心里多念几次"我能行"，并将这一信念运用到实际生活和工作中去。只要你愿意行动起来，就有机会突破自我，做成以往认为不可能做到的事，成为一个有能力的女人。

越活越美的女人到底长什么样

珊珊长相普通，身材平平，但她一直是个有梦想的女人。上学时，她梦想自己拥有青春美丽的笑容，有很不错的人缘；工作时，她梦想自己工作能力出众，遇见喜欢的男生；恋爱时，她想象有全世界最漂亮的婚纱，是人人羡慕的漂亮新娘；结婚以后，在琐事繁多的婚姻生活中，珊珊向往节假日和丈夫一起去旅行，向往生一个健康漂亮的小宝宝……

十多年过来了，珊珊就像拿着一支画笔，不断勾勒出生活的轮廓，并慢慢接近梦想中的样子。梦想陶冶了珊珊的情操，培养了她的气质和修养，让她的人生充满了希望。

在毕业之后的一次大学同学聚会上，依然年轻漂亮的珊珊让同学们眼前一亮，尤其是一些女同学纷纷向珊珊讨教秘诀。看着那些脸上写满了生活琐事的同学，珊珊问道："你们的梦想是什么？"当即就有几位女同学无奈地表示："现在只想怎么把现实中的日子过好，管它什么梦想。""这就是你们的不幸所在，因为生命里一件宝贵的东西——梦想，已经被磨平了，消耗了。"

珊珊只是因为爱"做梦"，就拥有了比别人更多的东西。

很多人会问，什么样的女人越活越美？看了珊珊的故事，我们便可以明白，梦想是美好的，它可以给女人幸福愉悦的体验，可以让女人变得越来越美丽。

一个女人无论到了什么年纪，过着怎样的生活，都应该有追求梦想的心。因为梦想是一个人内心对人生、对自己的一种希望，失去了梦想，人们就只能过着浑浑噩噩的生活，甚至放弃自我。

周国平曾这样说过："一个有梦想的人和一个没有梦想的人生活在完全不同的世界里。如果你与那种没有梦想的人一起旅行，一定会觉得乏味透顶。一轮明月当空，他们最多说月亮像一个烧饼，压根不会有'明月几时有，把酒问青天'的豪情；面对苍茫大海，他们只看到海水，绝不会像安徒生那样想到美丽的海的女儿……"

诚然，每个人都有属于自己的梦想，都曾经有一颗追求梦想的心。只是随着年龄的增长，有些人渐渐地遗忘或是割舍了最初的梦想。也许一开始不觉得有什么，等到时过境迁，才会感觉到自己的生活似乎没有预期中那么美好。

可真的是生活没有那么美好吗？不，你之所以感觉生活不美好，感觉被生活辜负了，是因为你丢失了自己的梦想，丢失了追寻美好的那颗心。

菜菜虽然算不上是校花，但也算清新脱俗，而且擅长画画，梦想着成为一名出色的画家。但是大学毕业后她不是第一时间去找工作，而是与相恋六年的男友结婚，接着就是怀孕生子。

老公平时工作很忙，公婆住得偏远，她一个人一边带孩子一边做家务，没多久就满腹怨言："我时常感到身心疲惫，生活无聊枯燥。这个年纪，本应该是在职场上打拼一番，闲暇时和闺密喝茶聊天，遇到假日还可以出去旅游。如果可以选择，我宁愿不结婚……"

朋友问她："你不是梦想着成为画家吗？那么你现在还画画吗？"

听到这样的问题，她只是深深地叹了一口气："哪还有时间画画啊，每天就是围着丈夫和孩子转。"

虽然菜菜只是我们身边的一个例子，但她身上折射着很多女性朋友的影子。她们因为生命中出现了一个他，出现了一个可爱的孩子，过起了琐碎的生活，就放弃了自己的梦想。

然后，在接下来的人生中，她们被生活中繁杂的琐事占据了大部分时间，以至于活得浑浑噩噩。谈及梦想，她们只能无奈地说："梦想终究只是实现不了的一场奢望，不过是小孩子的狂妄罢了。""工作那么忙，还有孩子、家庭需要照顾，哪有时间追求梦想啊！"

事实上，一个真正善待自己的女人，无论生活多么烦琐，处境多么艰辛，都会为自己编织华美绮丽的梦想，善待自己的梦想，追求自己的梦想，并用梦想陶冶自己的情操，滋养自己的生活，将灰色的现实加上粉色的底片。无疑，这种女人是懂得生活乐趣的，她们的生活也是多姿多彩的。当然，梦想并不是口头上的，你得努力去实现它，否则一切只是空想。

　　有一些女人不是没有梦想，而是只限于口头立志，根本没有付诸行动。她们无非就是过过嘴瘾罢了，说完之后就把美好的理想和宏伟的蓝图抛到九霄云外了。用一句通俗的话说，她们就是"言语的巨人，行动的矮子"。

　　有个姑娘喜欢写作，想要成为一名作家，于是她经常跟别人讨论一些写作计划与技巧。一天，她向一位出版社的老师咨询："老师，我很想出书，可就是下不了笔，怎么办？"

　　老师不解地问："你为什么下不了笔？是不是因为没有构思好，你写目录大纲了吗？"她立即发了自己写好的大纲，给这位出版社的老师。老师看了这个大纲，内容是关于女人如何实现自强自立的，有几个点写得还不错。对于这些爱好写作的人，这位老师向来都是喜欢的，于是就鼓励她道："写得还不错，你按照这个大纲写下去。如果有需要的话，我可以给你把把关，还可以帮你联系几个出版社的朋友。"

　　她说了几句感谢的话，称以后再联系，就下线了。

　　有一天，这位老师在另一个群里又看见她跟别人聊写作计划，说得慷慨激昂，隔着电脑屏幕都能想象出那一副激情满满的样子，这位老师于是忍不住问她："上次说的那个写作计划怎么样了，我还等着看你的作品呢。"

　　她不好意思地说："哎呀，最近工作比较忙，经常加班，那个写作计划只能推迟了。"老师直接对她说："那你可以晚上写，或者周末。"

　　她说："晚上回家做饭吃，忙完就很晚了。周末还要逛街买东西，更没时间。"

老师又说："其实也花不了多少时间，你可以每天抽时间写2000字。"

她说："写作又不是简单的事，有时也没有思路。"

总之，老师每说一句话，她总有解释的理由。最后这位老师根本不愿意管她了，她自己都不知道努力和坚持，别人又能怎么办呢？难道还要逼着她吗？

这个活生生的例子告诉我们：不去付诸行动，梦想再美都白搭。

女人的梦想可以与个人喜好和憧憬有关，比如插花、养鱼、给布偶设计服装、雕刻、写作，等等，也可以与个人事业有关。不管你是惬意地在自己的小世界里写美好的童话故事，还是在熟悉的领域做一朵铿锵玫瑰，只要你有梦想，并且坚持下去，那么全世界都会为你让路。

脚踏实地迈好每一步，方可爬上最高的山峰

王琴是一名音乐系的大三学生，她给自己制订了一个目标，就是成为一名出色的音乐家，但是她在音乐方面的发展不顺遂，这使得她一会儿雄心万丈，一会儿随波逐流，想了许多办法都没有摆脱这种境况。"唉，为什么我不能够成为音乐家？""成为一名音乐家就这么难吗？"王琴将自己的迷茫倾诉给了大学老师。

"想象一下你五年后在做什么？"老师说，"别急，你先仔细想想，完全想好，确定后再说出来。"

沉思了几分钟，王琴回答道："五年后，我希望能有一张自己的唱片在市场上发行，而且这张唱片很受欢迎。"

"好，既然你确定了，我们就把这个目标倒推回来，"老师继续说道，"如果第五年你有一张唱片在市场上发行，那么你的第四年一定是要跟一家唱片公司签合约，你的第三年一定是要有一个能够证明自己实力、说服唱片

公司的完整作品，你的第二年一定要有很棒的作品开始录音了，你的第一年就一定要把你所有要准备录音的作品全部编好曲，你的第六个月就是筛选准备录音的作品，你的第一个月就是要把目前这几首曲子完工。那么，你的第一个星期就是要先列出一个清单，排出哪些曲子需要修改哪些需要确定，对不对？"

"不要去看远处模糊的东西，而要动手做眼前清楚的事情。把手头上的事情做好，始终如一，你就会实现你所想的目标。"老师意味深长地说。

听了老师的话，王琴犹如醍醐灌顶。自此，她不再沉溺于那种虚无缥缈的期盼，接下来的一个星期她列出了一整套清单，然后开始投入地做每一件事情，无论手头上的事是多么不起眼，多么烦琐，她都认认真真地去做，最终成了一名出色的音乐家。

可见，我们不能总是盯着遥不可及的目标，而是应该看着自己的脚下，以立足的地方为起点，踏踏实实地走好脚下的每一步。而我们每走一步都是在缩短成功的距离，都是为实现梦想而努力。

任何伟大的梦想都是一步步完成的，任何大目标都是由很多小目标组成的。实现伟大的梦想和目标，实际上就是去做那些小事情，只有把小事情做好了，实现了小目标，通过一点一滴的积累，才能最终实现大目标。这就是古文中说的"不积跬步，无以至千里；不积小流，无以成江海"。

可是，并不是所有人都明白这个道理。

　　有一个二十几岁的姑娘，她毕业于名牌大学，能言善辩、才华横溢。在某公司的招聘专场上，她给公司老板留下了极深刻的印象。当时她应聘的职位是销售总监，见多识广的老板也被她的雄心壮志吓了一跳：一个初出茅庐的姑娘居然敢应聘这么高的职位，是真有过人之才还是太狂妄？在接下来的一个小时里，姑娘侃侃而谈，讲述了自己对工作的种种构想，听得老板直点头。

　　最终，姑娘被录用了，但老板让她先到销售部担任助理的工作，先在基层锻炼一下，再慢慢提升，其实这也是对她的一个锻炼。可惜姑娘却未能体会老板的良苦用心，她觉得让自己当助理简直就是大材小用，决策型的人才被白白浪费了。因此，对于分给她的"小事"她根本就不曾用心去做，实用的知识、技能也不看在眼里，她整天想着自己什么时候才能坐上销售总监的位置。

　　就这样过了三个月后，老板给了姑娘一次机会——让她全权组织一场促销活动。姑娘觉得这只是小菜一碟，马上就开始行动。没想到看花容易绣花难，她不知道怎样培训促销员，不知道怎样和商场方面进行沟通，不知道怎样布置会场……结果可想而知——姑娘很快就被公司辞退了。

　　看见了吧，一个好高骛远，不能脚踏实地、从小事做起的人，根本没有未来可言。可现实生活中这样的女性不在少数，她们总是有很高的梦想，盯着很多很远的目标，却无法脚踏实地地去走好脚下的每一步。她们眼高手低，小事瞧不起，也不愿做，大部分时间都沉浸在自己宏伟的梦想中，不能做出什么成就，曾经的雄心壮志变成人们茶余饭后的笑料，梦想则成了又空又大的幻想。

要知道，即使再高的山，都必须一步步地向上爬。远大的梦想、高远的目标，虽然我们可以心向往之，但是如果没有努力的决心和踏踏实实走好脚下每一步的心态、毅力，那么无论你能力多高，目标多大，也无法真正有机会走向成功。

或许有人会说，每天一步步地走，只做一些小事，听起来好像没有冲天的气魄、没有轰动的声势，可细细琢磨一下：成功不就是一点点积累的吗？积跬步以至千里，积小流以成江海。没有漫长的量的积累，怎么可能有质的飞跃？

每天一步一个脚印，虽然看似距离成功和梦想太过于遥远，但只要你努力和坚持，那么就可以在不动声色中创造一个震撼人心的奇迹。

洛杉矶湖人队老板以年薪120万美金聘请了一位教练，他们希望教练能够通过高明的训练方法，帮助队员们提升战绩。但是，教练来到球队之后，却没有什么独特的训练方法，而是对12个球员这样说道："我的训练方法和上任教练一样，但是我只有一个要求，你们可不可以每天罚篮进步一点点，传球进步一点点，抢断进步一点点，篮板进步一点点，远投进步一点点，每个方面都能进步一点点？"

天啊！这是什么训练方法，老板在心里偷偷捏了一把汗。不过，他很快就改变了自己的态度，佩服起教练来。因为在新赛季的比赛中，湖人队大胜其他球队，勇夺NBA总冠军。对于自己的"战果"，教练总结说："因为12个球员每一天在5个技术环节中分别进步1%，一个球员就进步5%，而全队就进步了60%。这些天来，他们每天坚持进步一点点，可想而知他们的进步有多大……"

　　所以，女性朋友们，不要总盯着遥远的目标，也不要奢望快速实现梦想。因为你的未来，藏在当下的每一步中。

自己的选择，跪着也要走下去

每个人的人生都面临着各种各样的选择，每逢这个时刻，我们总是考虑，选择A还是选择B好呢？经常是比来比去，左右权衡，也迟迟做不了决定。

这看似担心选择错误，不知道选哪个好，其实背后是不愿承担选择后的责任，害怕承担选择所带来的一切后果。可我们终归要学会主动地选择，学会对自己的选择负责，否则谁又能对你的人生负责呢？

有时候不管是选A还是选B，并没有对错之分，不管你选择了哪个方向，都是对的选择，因为这符合你的心愿，能不能为这个决定承担后果，敢于为自己负责任，这才是最关键的问题。

每个人都应该为自己的生命负责，这真的很重要，如果总想别人来替你做决定，你就把自己的力量给了别人。当你越来越多地把力量给了别人，寄希望于他人，你就会收到更多的失望。

　　女孩彤大学毕业后决定留在本市工作，而男友却考上了另一个城市的全日制研究生，不提分手也不提未来。彤向男友寻求承诺，他闭口不言，彤就果断提出分手。

　　朋友问及原因时，彤冷静地说："本来应该是两个人一起面对选择，他却选择不承担也不拒绝，将选择需要承受的结果全部转嫁在我身上，这其实是一种自私。"

　　朋友问她是否难过，是否为多年的感情感到可惜。她笑了笑，接着说道："与其承受被动的选择而将自己的命运交给别人摆布，不如选择主动地对自己的人生负责。如果这真是一段错过的良缘，那我也愿赌服输！"

　　彤就是这样一个聪明的女孩，因为她知道没有谁能够为自己的人生负责，唯一能够为自己人生负责的人只有自己。而且她更明白，既然选择了就不后悔，按照自己的想法勇往直前，因为这样要比抱怨更能对得起自己。

　　这种对自己选择负责的态度，倒是给了彤不错的结果，她后来真的遇到合适的人过起岁月静好的日子。倒是当初犹豫不决的前男友，研究生毕业后低不成高不就地处在待业状态，娶妻生子更是遥遥无期。别说向别人兑现幸福生活的诺言，他都没办法对自己的生活负责。

　　所以，女人都应该像彤这样勇敢，勇于做出选择，也敢于承担责任，主动决定自己命运的出路，而非或软弱或自私地将选择置于别人手上逃避责任最后被动承受后果。

　　不管是哪一种生活，都是你自己的主动选择，没有人强迫你这么做。既然是自己的选择，你也别抱怨。当你抱怨的时候，后悔的时候，不妨对自己说：
"当初这不是你自己的选择吗，现在有什么好抱怨的。"

　　"自己选择的路，跪着也要走下去"，这是魏然的座右铭，并且她把这句话贯彻到底了。

　　临近大学毕业时，最令魏然头疼的就是工作问题。因为她是独生女，父母希望她回到老家所在的小城市，安安稳稳地工作，但她想留在大城市轰轰烈烈地拼搏。为此，不仅父母轮番给她做工作，父母还叫了亲人和她的朋友给她做工作，用种种方式向她施加压力，但魏然却坚持留在北京。一没钱，二没关系，想要在北京打拼出一片天地，谈何容易，但魏然硬是跌跌撞撞，一路成长。

　　为了省钱，魏然最初租住在北京五环外的一个小区，每天上下班要花费四个小时，晚上6点准时下班，到家都要8点了。有时她晚上要在公司加班，过了10点出地铁站以后就没有公交车了，还要打黑车。因为路上害怕，她只好一路上和天南海北的朋友们聊语音。后来，她的工资涨了，才搬家到离公司不远的地方，直到后来终于有了自己的房子。

　　再后来事业顺风顺水时，魏然辞职成立了自己的公司，其间一个投资项目出现了很大的决策失误，给公司造成了极大的经济损失，资金严重短缺。面对这一变故，别人都说魏然不该辞职，魏然却没有后悔，而是说："自己选择的路，跪着也要走下去。"

　　最终，她选择默默承受，把自己从银行贷来的贷款和向朋友筹借的资金全部投到公司中，为公司的运营继续注入血液。凭着这份坚韧，她挺过了那段难熬的日子，扛住了一切。

　　后来，魏然对别人说："不要指望别人能为你选择，也不要把你的选择当成了负担或牺牲。既然选择了，就该为你的选择负责。自己选择的路，跪着也要走下去。一路走来，我一直信奉这样的人生信条，并身体力行。很高兴，这一路虽然走得艰辛，我却很有成就感。"魏然说这番话的时候，她眼中闪烁着光芒。

　　"自己选择的路，跪着也要走下去。"这句话是一种对自己负责的态度，更是一种坚定选择的态度。每个人都有选择的权利，无论之后遇到什么困难，既然你选择了，就必须为这个选择负责，并且一往无前地走下去。

　　这是因为，我们就是自己生活的缔造者，我们在创造自己的生活环境，同时也在创造自己的命运。

辑八

在人生每个阶段，心向美好，且有力量

～～～～～～～

　　情商高的女人向来对生活充满热情，她们的生活从来不会成为一潭死水，因为她们总是有办法让平凡的日子发光。生活有时候更多的是讲究一种情趣和热忱，体验每一天、每一刻、每一秒的美妙。在人生的每个阶段，都找到生活的温暖、乐趣和踏实，这就是我们人生的意义。

爱生活的女人，都自带光芒

林徽因是民国时期著名的才女，她是大家闺秀，美丽聪明，学建筑设计，擅长写文章作诗，有浪漫的初恋情人，宠爱她的丈夫，敬爱她的蓝颜知己，人们称她"风华绝代"。她的个性温婉，讲究生活情调。

她会在月亮底下摆上蜡烛、红酒，在一旁优雅地吟诗，并得意地对老公说："全天下男人看到这一幕，都会晕倒！"她的老公是个朴实的理科男，讷讷地说："可是，我没有晕倒……"她会嗔怪道："因为你不懂欣赏！"

她因疾病缠身，昔日美丽不再，却依然非常注意仪容。朋友来看望，她会穿上帅气的骑马装，在病榻上谈笑自若……

或许有人不屑地说："你不觉得林徽因这种女人太作了吗？"就连冰心在《我们太太的客厅》中也说她是一个受男人环绕，爱出风头，工于心计的女人。这也不能怪这些女人，因为林徽因的感情生活确实有些复杂，与三个男人纠缠了一生。可从另一方面来讲，谁也不能否认，林徽因是一个优雅大方、令人着迷的魅力女人。她讲究生活情调，对生活要求非常高。

冰心在作品《我们太太的客厅》中这么描述她的生活："每逢清闲的下午，想喝一杯浓茶或咖啡，想抽几根好烟，想坐坐温软的沙发，想见见朋友，想有一个明眸皓齿能说会道的人，陪着他们谈笑，便不须思索地拿起帽子和手杖，走路或坐车……"

她优雅大方，一举一动都展现出女人的魅力，"斜坐在层阶之上，回眸含笑""从门外翩然的进来了，脚尖点地时是那般轻……"

她姿态优美，注意打扮自己，"她身上穿的是浅绿色素绉绸的长夹衣，沿着三道一分半宽的墨绿色缎边，翡翠扣子，下面是肉色袜子，黄麂皮高跟鞋。头发从额中软软的分开，半掩着耳轮，轻轻的拢到颈后，挽着一个椎结。衣袖很短，臂光莹然。右臂上戴着一只翡翠镯子，左手无名指上重叠的戴着一只钻戒，一只绿玉戒指……"

林徽因就是一个精致的女子，她爱生活，懂得经营自己的生活。男人和她在一起，能够最大限度地欣赏女性的美。

试想，这样的女人，哪一个男人不为她着迷呢？

从林徽因身上我们知道，作为女人，你必须做到精致。精致的女人，热爱生活，讲究生活的情趣，强调的是一种生活质量。精致的女人也会用心地生活，凡事都力求做到更细致，更舒心。

比如，精致的女人，想要喝咖啡时，会自己细心地将咖啡豆磨成咖啡粉，将水煮沸，享受自己冲调的过程；会选择自己喜爱的图案的杯子，然后悠闲地听着音乐，或是坐在院落里，享受午后的时光；还会了解一下咖啡所蕴含的文化……

　　再比如，精致的女人，不仅会为自己买各种漂亮的衣服，把自己打扮得美丽无比，还会把自己的衣橱整理得井井有条，所有衣物都各安其位；会把每件衣服熨烫得服服帖帖，没有一丝褶皱；会细心地挑选适合各种场合的衣服，然后搭配鞋子、包包、首饰……

　　或许有人会说，我每天都忙于工作，好不容易有了休息日，腰酸背痛还有一大堆家务要干，哪有时间过精致的生活？

　　如果你这样想的话，那就大错特错了。如果你觉得这些事烦琐，就说明你并没有体会到其中的乐趣，而且，这些事真的不需要多少时间。

　　你的房间从不存放前一天的垃圾，每天都有几分钟整理打扫；你在做饭之后用一分钟把料理台的水渍油渍擦净，厨具光洁……你真的会积累很多家务吗？所谓的精致生活不是要你坐在烛光下喝红酒摆样子，而是更多体现在细节方面，只要你能够重视起来，那么就能随时随处做到精致。

　　有人会说，精致需要清闲，是有钱人才能玩得起的。这种想法也是错误的，不信看看这个故事：

　　小倩是一位来自西北黄土高原的农村姑娘。她的家是常人无法想象的困窘，学费都是乡里资助的，但是她那瘦削美丽的母亲经常说的一句话是：生活可以简陋但却不可以粗糙。她给女儿做带有荷叶边的裙子、喇叭袖的白衬衫，或绸或锦或丝的旗袍，一针一线都非常认真细致，比外面卖的要好很多。

　　或许正是母亲的生活态度影响了小倩，她从小就养成了精致生活的好习惯，她的杯子、饭盆、书桌等总是擦拭得纤尘不染，洗得发白的床单总是铺得整整齐齐，她还会隔三岔五在野外摘野花野草，编成造型别致的花束，然后插在宿舍窗户前的花瓶里。虽然生活并不富裕，但是这个女孩的生活充满了诗意和情趣。

谁说普通的女人、普通的生活就不能过得精致？只要你有情调，肯用心，便可以让自己成为优雅、精致的女人，让自己的生活充满了情趣和诗意，绽放出不一样的光彩。

精致的生活离不开思想上的"风花雪月"，离不开艺术的浸染，阅读的浸染。每天睡前翻一翻书本，休息时看看电影，听听音乐；闲暇的时候，煮上一杯咖啡，或是泡上一壶清茶，让自己的思想在大师们的世界里散步。如此一来，你的生活离精致还远吗？

你走进一间房屋，看到地板被擦拭得一尘不染，明亮的玻璃从床边一直延伸到了门口，墙壁上挂着一串淡紫色的鲜花，桌上还有序地摆放着各种精美的小饰品……这一切景象是不是会流露出一种恰到好处的美丽，散发着光芒？

所以，作为女人，如果你不想一辈子过庸俗、无趣的生活，就让自己变得精致起来。给生活一点情调，给自己一些乐趣，那么你的生活就会美丽无比，令人心旷神怡。

真正高贵的女人，都有一颗宽容的心

生活中总会有一些不和谐的音符——有人可能会不喜欢你、反对你，甚至有人会与你发生一些矛盾冲突等。这些人的存在，也许会让你感到生活的不顺，会让你的天空蒙上一层阴影。这时候，是选择和对方对抗，还是选择宽容，试图与对方和解呢？

对一个情商高的女人来讲，她们肯定会选择后者。一个有教养、有魅力的女人从不会揪着别人的过错不放，更不会打人脸，揭人短，而是选择宽容。

什么是宽容？不妨看一个小故事。

路旁，一朵小小的紫罗兰花开了。有人从路上跑过去时，一只脚踩了紫罗兰。"你疼吗？"树上的小鸟问。"虽然很疼，也要原谅，人们不是故意踩我的呀！"紫罗兰这样说着，静静地挺直了身躯，然后把身子一晃，好闻的香气浓郁地弥漫开来。

当被一只脚踩到的时候，紫罗兰非但不会埋怨，还将一缕幽香留在那只伤害了它的脚上，将芳香撒满人间。踏花的人无情，紫罗兰却有情，这种品质就叫宽容。

　　然而，很多年轻女孩不能受一点儿委屈，一旦对方惹了自己，就必须狠狠地回击对方。可结果又怎么样呢？她回击了对方之后，自己感到舒服吗？事后再想起来的时候，还感到自己做得很对吗？到最后没有遭到对方的记恨和报复吗？

　　很明显，除了感到一时痛快之外，她并没有感到有多舒服。

　　李小姐是一家广告公司的设计师，有一次她被经理安排到外面约见客户，前台小田不知情，给李小姐记了请假，结果月底的时候被扣发了工资。李小姐非常气愤地去找小田理论，说："你搞错了吧，我什么时候请假了，凭什么扣发我工资。"

　　小田去询问了经理，才知道自己搞错了，但是她心想：即使是我记错了，也是有原因的，你也应该好好说。于是，她也没跟李小姐说好听的："公司规定职员因公务外出时，要记得和我说一声，当初你没说我怎么知道。"

　　李小姐一听更加气愤，指责道："是你自己的工作没有做好，你怎么怨起我来了？你一个小小的前台，凭什么这么趾高气扬？告诉你，你必须给我补发工资，而且要向我道歉。"

　　小田顿时涨红了脸，"你怎么这么说话，你……"

　　就这样，两个人谁也不肯退让，从斗嘴到最后大打出手，同事们为此议论纷纷。很快，领导也知道了这件事情，说两人影响公司的团结，破坏企业文化，给予两人警告处分，还扣除了两人当月的奖金。

这样一来，李小姐和小田结下了梁子。平时，李小姐有快递送到公司，小田既不帮忙签收也不立即告知。

这让李小姐感到非常气愤，可她并没有什么办法，因为小田并没有违反公司的规定，这些事情并非在她的工作职责之内。这时，李小姐才意识到，自己的斤斤计较给自己造成了多大的麻烦。

宽容是一种品质，更是一种魅力。这种魅力不仅使你赢得了别人的好感，也成就了自己。若是没有宽容之心，揪住别人的错不依不饶，甚至用更激烈的方式回击，除了引起冲突，你并不会获得什么好处。你的斤斤计较、睚眦必报可能还会招来别人的反感，给自己带来更多不良的后果。

可见，凡事要懂得给人留面子，得饶人处且饶人这句话真的很有道理。生活中，只有涉世不深，教养不够才会斤斤计较、针锋相对，而情商高的女人，懂得宽待他人，对他人的错误报以宽容。

与李小姐相比，琳琳是一个懂得宽容的女人。在她身上，人们总能感觉到一种平和与宽厚。她是一个不世故的女人，不论对老人还是新人，一样亲切有礼。即使有人刻意挤对她，她也不会找机会为难对方，总是能够谅解对方的心情和难处。即便有人误会她，她也不会心生抱怨，而是耐心地向他人解释，或是一笑了之。

因为她具有宽容的品德，所以人缘非常好，不管是同事、朋友，还是左邻右舍，都喜欢和她交往。

有一次，琳琳被同事不小心撞了一下，扭到脚，要在家休息半个月。一个周日，这个同事带了一份小礼物去她家看望，然后愧疚地向她表示歉意。可琳琳却笑着说："你又不是故意的，我怎么会怪你呢？再说了，我当时也没有注意周围的情况，否则的话怎么会摔倒呢？"她还安慰这个同事，让她别太内疚。事后，这个同事和琳琳成为最好的朋友。而在她休息这段时间，同事们都纷纷前来探望，领导们也表示了自己的关心。

说一个女人"好"，说的不就是这种情况吗？她出了事，大家都想着她，这都源于她在平日里处处为别人着想，对人总是表现出宽容、理解的态度。

人心不是靠武力征服的，而是靠爱和宽容征服的。宽容的女人，是人群中的"修"女，她们的修行并非为了某种信仰，而是一种善念，一颗平和的心。宽容，就是摈弃自私、狭隘、粗野、势利等，追求一种自然、淳朴、善意的交往方式，而这恰恰让她们产生了巨大的"凝聚力"。

有人说：真正高贵的女人，都有一颗宽容他人的心。一个女人只有拥有宽容的心，才能摈弃私心杂念，内心坦坦荡荡，才能更轻松地获取属于自己的幸福。

失败不可怕，可怕的是你默认自己的失败

当年，春月因为5分之差没能考入理想的学校。因为家境不好，又不想复读。当时，有人劝她说干脆随便上一所专科院校，或者读一个高职院校。春月并没有听从大家的建议，而是选择了另外一条路。春月来到了这座位于南方的一线城市，开始了辛苦的打工生涯。在熟悉了工作流程之后，春月觉得自己有必要学习点东西了，就报考了当地一所重点高校的自考本科。

一边要工作，一边要学习，有过自考经历的朋友都知道，这条路走起来很是辛苦，但春月毅然地勤奋苦学。面对渺茫未知的将来和异常艰难的专业知识，她既不畏惧，也不说苦。当母亲问她如果失败了怎么办时，她微笑着回答："我不会失败的，只要我学到了这些知识，就算成功了。"仅仅用了两年半的时间，春月就完成了全部科目的考试，并且顺利拿到了曾经和自己错失的大学毕业证书。

之后，春月依然辛苦地工作，认真地学习。3年后，她又拿到了注册会计

师的资格证。有了这个证书，加上之前的工作经验，春月的"身价"一下子飙升到年薪30万元。

如今，春月已经是一家跨国公司的财务主管了。

在跌倒中爬起，在失败中奋起，春月能有今天的成绩离不开她的这种性格。内在的韧劲和个性从里到外悠悠地散发出来，这样的女子，不必刻意表现，其自身魅力也就一览无遗了，而且人生也会迎来美好的结局。

所以，当你因为失败和挫折而感到颓丧时，不妨让自己抽离出事情本身，清醒地问问自己："我为什么会遭遇失败？""我应该如何做才能将失败的损失降到最低？""我能够从这次失败中学到什么？""下次遇到这样的事情时，我应该怎么做？"……

一旦你从失败中学到了东西，并且把每次失败的危机都变成一次完善自我、提高自己的机会，那么你就可以实现一次次自我蜕变，最终获得想要的成功。

遗憾的是，很多女人并没有这样的认识和态度，一遇到失败就放弃了，就失去再站起来的勇气。有的年轻女性受一些传统观念的影响较深，认为自己存在性别弱势，于是习惯性地放弃、放弃、再放弃。她们只看到和她们一样彷徨的芸芸众生，于是认定这便是人生。

她是一名留学美国的学生，从小成绩就优秀，可来到美国之后才发现原来外面的世界真的非常大，自己真的很渺小。她想要努力追赶别人，证明自己还是最优秀的那一个。于是，她开始想了很多，也做了很多计划，但是不管做了什么，却发现这种差距一直都在。

到外面实习，别人总是优先选择男生，因为男生更有力量，做事效率更高结果更好；找工作，企业也更喜欢录用男生，因为男生思维更活跃，而且没有女性之后的生育和家庭问题。于是，她彷徨了，犹豫了。

她不禁反问自己："既然尝试了总是失败，我为什么还要尝试呢？既然努力也追赶不上别人，我的坚持还有什么意义呢？"

所以她时常因为失败而哭泣抱怨，因为被别人轻视而悔恨惋惜。很长时间内，她都无法从失败的阴影中走出来，以至于不敢进行再一次的尝试。结果，她被打败了，一蹶不振，不再做任何努力，只找到一份普通的工作，成为庸庸碌碌的人。

她的遭遇可悲吗？真的非常可悲！可是，可悲的不是她屡次失败，遭到别人的拒绝和歧视，而是她因此而放弃自己，甘愿过庸碌无为的人生。

亲爱的读者，如果你也有这样的想法，那么，请收起来吧！这个世界不会因为你是女人而对你网开一面，更不会因为你是弱者而对你有所同情。换句话说，你同样需要靠自己的奋斗，靠自己的拼搏获得属于自己的成功。哪怕失败了，也不要就此气馁，而是告诉自己：跌倒了，站起来就好。

正如世界名著《老人与海》中说的："你可以被打败，但不能被打倒。"其中的意思一目了然，它道出了人可以失败，但不能因为失败而一蹶不振的道理。

所以，女性朋友们，如果你失败了，不要总是强调"我失败了"，而是应该不断地鼓励自己爬起来；不要把不成功当成是人生的定局，而是要相信自己，积极地突破自己并且不断地向前迈进。如此一来，你才不会被失败击倒，才能把荆棘小路变成通往成功的康庄大路。

守住初心，将生活过成诗

在中国中央电视台电影频道，每周六播出的《创意星空》节目中的十强赛，有一个"为自己设计一款服装"为主题的活动。在节目现场，有一个女孩，展示了自己设计的一套服装。她穿着那身宽松、色彩艳丽的服装向大家走来时，也将自己的娇蛮、活泼、俏皮的小女生形象展示在大家面前。

在节目表演完之后，这个女孩站在镜头面前解释说：她不想长大，想为自己留下一抹纯真和童心；她不想让社会的复杂和黑暗，将自己心中的那一份纯真也污染。她的话感动了现场的每一位观众，评委李大齐也感动了。据说，李大齐在女孩强调不想长大、要为自己留下一份纯真时，他感动的眼眸里闪动着泪光。

人最难守住的就是初心，人最宝贵的也是初心。只有不忘初心，不惧这个世界的黑暗，你的内心才能明亮如初；只有不忘初心，无论遇到什么样的困难，你的未来都能精彩无比；同样，只有不忘初心，无论世界多么糟糕，你都可以走出黑暗。

面对眼前的阻碍，面对社会的浮华，守住初心，点亮内心的那盏灯，才能不畏难不退缩地走过黑暗，迎接光明。

她出身于一个贫寒家庭，父亲早逝令她早早辍学，之后她在一家服装加工厂工作。她聪慧勤奋，工作认真，以一己之力供养了寡母和弱弟。长大之后，她幸运地嫁给了一个爱她的男子，尽管婚后她做起了家庭主妇，但她是一个情趣高雅的女子，尤喜书画，做家务之余，以与丈夫欣赏字画为乐，此时的生活于她与他，泛着世俗之外美好诗意的光泽。

这样美好的日子，如果一直走下去该多好啊，可是人世间之事，畅心快意何其难求！十几年后，丈夫突然因病去世了，她不得不重新走入社会。尽管她已经青春不再，又面临着竞争激烈的环境，但她待人和气，处事自然得体。她练达而不失真诚，大事小事周到全面，赢得了众人欣赏。

可以说，不忘初心的女人，内心是美好而又高贵的，不会被世俗蒙上尘埃，她们默默地用一种人格的高贵创造着一个比自己容颜更美的世界。即使暂时贫穷、素面朝天，也遮掩不了她气质上的光华，恰似"纸墨飞花"，令人寻味……

诚然，一个女人在社会上打拼是不容易的，但是这不意味着女人就必须圆滑，做一些违背本心的事情。生活虽然清苦，日子虽然难过，可若是你能够保持初心，用善良美好的心来对待自己，对待这个世界，那么整个世界也会变得更加美好起来。

可悲的是，太多女人没有能够守住自己的初心，逐渐变得庸俗、市侩，内心被欲望所支配，逼着自己变得圆滑世故，甚至做一些违心的事。

电视剧《人民的名义》里的高小琴，本是穷苦的渔家女，温柔、善良，想要通过自己的努力改变命运。但因为她有着明艳动人的外貌，魔鬼一般的身材，被一些居心不良之人看重，成为别人手里的"玩物"，甚至被培训成专门用于行贿的"美女蛇"，时常周旋于众多男性人物身边。

她是一个被伤害、被侮辱的受害者，原本非常值得同情，但她为了爬上更高的阶层，为了获得更多的金钱享受，甘愿成为权贵的玩物，更是与那些伤害自己的人同流合污，成为他们的一员。

之后的高小琴醉心于名利权势，成为人们眼中的女强人、女企业家。可是她真的快乐吗？相信她并不快乐，因为她丢失了最初的那份善良和纯真，丢失了生命中最美好的东西。

"敢冒天下之大不韪，才是做大事的品格，我们要是不成为别人的玩物，怎么有机会让别人成为我们的玩物呢？"在积累财富的过程中，她投机钻营、巧取豪夺，甚至参与了杀人灭口，完全抛弃了心中的柔软善良。

为了得到大风厂，她完全不在意工人失业。被法官质问时，她却轻描淡写地说："我不知道我跟他们有什么关系。"为了不走漏风声，跟了自己十几年创业的财务处长，也被她设计谋害了。

从社会底层走到社会上层，她说自己的一切，都是靠自己一步一步打拼出来的。但拼的过程中，充满残酷和冷血，无所不用其极，结果自己迷失在欲望的森林中。她会调侃着说"人生苦短，多多享受"，但喧嚣浮华背后，良心永远无法解脱。她的内涵越来越贫乏，美感消失殆尽。

我们的心灵原本是一片净土，一尘不染。但是，它很容易被世俗污染，失去原有的宁静。由于欲念的存在，我们会被世上的名利、金钱所迷惑，心中只想将喜欢的东西通通归为己有，而不想舍弃，于是心中充满了矛盾、忧愁、烦恼，心灵上会承受很大的压力和痛苦。

女人可以追求幸福和成功，但是却不能忘了初心，一旦忘掉，便会变得利欲熏心，心灵被欲望和物质所腐化。一个心灵被腐化的女人，内心往往只想着各种利益，忘却了善良、宽容、情谊。这样的女人，即便是再成功、再美丽，恐怕也掩饰不住她的市侩与俗气。在当今物欲横流的社会当中，女人该如何守住心中的那一份纯净呢？这就需要我们对世事保持一份清醒，并且拥有极大自控能力，能够以淡定的心态看待得失，没有斤斤计较的粗俗，没有自以为是的浅薄，没有自怨自艾的矫情。

情商高的女人会时常对自我进行反省，清除那些污染心灵的杂草，还自己一个纯净美丽的心灵。如此一来，她们才能脱离庸俗，变得越来越高贵优雅，并且把生活过成一首诗。

拥有简单的心态，做一个简单的女人

有人时常会问："什么样的生活最幸福、最美好？"

面对这样的问题，有人会说成功的事业会让人幸福，也有人说富裕的生活
会让人幸福，还有人说家庭美满会让人幸福。这样的回答正确，却又不完全正
确。这是因为若只是生活富裕，事业有成，内心却不满足，总是想要获得更
多，总是被各种烦恼、琐事、名利、金钱拖累，那么生活也会充满烦恼，没有
什么幸福和美好可言。

不妨先来听一个故事：

一个年轻人觉得生活很沉重，整天心烦意乱，便问智者生活为何如此沉
重。智者听完，随即给他一个篓子，并指着前面一条沙砾路说："你每走一
步就捡一块石头放进去，最后体会有什么感觉。"

年轻人一路不停地拾捡，渐渐地他感到越来越疲倦。这时，智者说：

"这也就是你为什么感觉生活越来越沉重的原因。每个人来到这个世界上时，都会背着一个空篓子，然而我们每走一步都要从这世界上捡一样东西放进去，才有了越来越累的感觉。"

年轻人放下篓子，顿觉轻松愉悦。

生活中为什么越来越多的女人感慨活得太累、不快乐？很多人给出的理由是，生活中时时充斥着金钱、功名、利益的角逐，处处充斥着许多新奇和时髦的事物……她们为了追求更多的东西，被这个世界赶着跑，整天忙碌着，累是一种必然。这就像是故事中的年轻人一样，一路上背负了太多的包袱，怎么会不感觉累呢，又怎么会感到快乐呢？

生活从来不简单，充满了这样那样的烦恼，有无数的问题和麻烦，可越是如此，我们就越应该保持一颗简单的心，做一个简单的女人。如果习惯把简单之事复杂化，把微小之事放大化，生活就会变得繁冗复杂、沉重忙乱。

年轻的时候，春霞什么都追求最好的，拼命地想抓住每一个机会。有一段时间，她手上同时拥有十三个广播节目，每天忙得昏天黑地。事业愈做愈大，春霞的压力也愈来愈大。到了后来，春霞发觉拥有更多、更大不是乐趣，反而是一种沉重的负担。她的内心始终被一种强烈的不安全感笼罩着。

直到有一天，春霞意识到自己再也忍受不了这种生活了，终于做出了一个决定：摒弃那些无谓的忙碌，让生活变得简单一点。

之后，她着手开始列出一个清单，把需要从她的工作中删除的事情都排列出来，然后采取了一系列"大胆的"行动，取消了一大部分不是必要的电话预约，取消了每周两次为了拓展人际关系举办的聚会，等等。

就这样，通过改变自己的日常生活与工作习惯，春霞感觉到自己不再那么忙碌了，还有了更多的时间陪家人。因为睡眠时间充足，心态变轻松了，她的工作效率得到了很大的提高，身心状况也变好了。

其实，人简单点才快乐，生活简单一点才幸福。当然，简单不是潦草，不是不作为，更不是放弃对生活和事业的追求。

事实上，迈向简单生活的步骤其实很简单，那就是学会给自己的生活做减法。面对人生，不再过分地追求金钱和名利，不再让自己成为欲望的傀儡；面对生活，不要让自己过于忙碌，更不要过多地追求物质；面对工作，需要删掉密密麻麻的计划表，只盯住自己定下的目标，走一条最短的直线；面对心灵，需要卸下身上的负担，清空内心的杂草。没错，简单就是快乐。生活简单，我们可以减去很多麻烦；思维简单，我们可以少走弯路；感情简单，我们可以保持着那份纯真；内心简单，我们就可以减少很多烦恼。所以，与其抱怨世界复杂，生活太累，不如拥有简单的心态，做一个简单的女人。

做个简单的女人，就是要注重头脑和心灵的滋养。简单不是傻，不是率性而为，而是明智大度；简单不是愚笨，是智慧，是大智若愚。在简单中成长，在简单中自得，此种心境甚是可贵。

丹丹是一个在职场打拼多年的女人，有一个幸福的家庭。工作和生活的奔忙虽然令人疲累，但她却经常告诉自己要活得简单些。"房不在大，够住就行。衣不在多，够穿就行。饭不在多，够吃就行。"这是丹丹经常挂在嘴边的一句话，这种简单的心态让丹丹天性达观，热情而爽朗。

在竞争激烈的职场上，她不依附权势，不追求金钱，更不会绞尽脑汁争名夺利，她对身边的每一个人都很友好，这使她看起来始终温婉和悦。职场拼杀之余，相夫教子，有时间就安静地读一会儿书，她向周围人呈现出的总是清晨阳光般的笑容。

由此可见，简单是一种境界，是回归内在自我的一种途径。一位哲人曾经说过这样一句话："我们的生命如果以一种简单的方式来经历，连上帝都会嫉妒。"

女人应该学会拥有简单的心态体味生活，不挖空心思依附权势，不贪图名利富贵，更不计较那些是是非非。这样的女人，内心便会知足、淡然、豁达，有阳光般的心态，生命的路途上也将更加轻松快乐！

所谓幸福，就是怀有一颗感恩的心

曾看过一个爱情偶像剧，剧中男孩对一个女孩百般呵护，听说女孩喜欢吃一家门店的烤鸭，他加完班后就急急忙忙地去买烤鸭。终于这个男孩赶在店铺关门最后一刻买了一只烤鸭，中途还不小心崴了脚，兴冲冲地送给女孩。他的这一举动非但没有感动女孩，反而被责怪："这么晚了瞎跑什么？"

看过这个偶像剧的人都忍不住为男孩叫屈，我也不例外，因为这个女孩实在太不感恩了。男孩如此真心对待她，却只是换来一句抱怨。虽然女孩可以不接受男孩的爱，但是却不能漠视男孩的付出，更不能没有一颗感恩的心。因为这个世界上，没有谁欠谁的，而一个不懂得感恩的女人也注定无法获得真正的幸福。

一位婚姻专家说："容易幸福的女人，一定是一个懂得欢喜和感恩的女人。"仔细想想，这话很有道理。有些女人总是在抱怨命运不够好，自己得到的不够多，愤然于别人富有而自己贫穷，别人快乐而自己忧伤，别人幸福而自己孤独。

很多时候，我们得到的不是太少，而是心越来越不满足了。其实快乐就在身边，我们却习惯视而不见，于是一颗心永远走在寻找幸福的路上……

君君的朋友嫁了一个在外企上班的优质男人。他帅气多金，性格开朗，事业有成，最主要是对妻子非常好，舍得在她身上花钱。每次出差回来，他都会买各种各样的礼物送给妻子。有如此贴心的老公，妻子自然倍感欢喜，幸福之余免不了常常在君君这帮朋友们面前提及。

君君和朋友们一开始觉得没什么，但时间久了，就忍不住将这个朋友的老公与自家老公相比，比来比去，心里就有了落差。

君君抱着这样的心态，心里越来越不平衡，于是不断对老公横挑鼻子竖挑眼，心情也是越来越郁闷、烦躁。

君君老公疑惑之下问她为什么不开心，君君则没好气地抱怨说："你对我不够好。"

君君老公愣住了，问："为什么这么说？"

"瞧瞧人家××老公，每次出差给她送礼物不说，过生日也跟结婚似的隆重，"她白了老公一眼，继续说道，"就拿今年××过生日来说吧，人家老公不但带她去法国玩了一个星期，而且回来还在一家会所给她办了个派对，邀请我们好多朋友参加了。你看看你，今年的生日你都没送我礼物！"

这话一出口，君君老公便大喊冤枉，辩解道："你每次过生日，不论我做什么，都不合你的意。前年你过生日，我买来一大堆菜下厨做菜，一边看菜谱一边做饭，忙活了半天，你说我不浪漫；去年我送了你一束花，你说那东西哪能当饭吃，净花钱买那些没用的；今年我怕我买的东西又不合你意，反而招你不高兴，就给了你钱，让你自己去买喜欢的东西，你现在又反过来埋怨我对你不够好……"

老公的一番话让君君理屈词穷，一时不知道该说什么好。

很多女人觉得自己不幸福，认为自己没有体贴的老公，没有高薪的工作，没有优秀的孩子，没有好的家世……可在别人看来，她其实活得并不差，工作稳定，父母健康，爱人体贴，孩子乖巧。

为什么会如此？其实，她们感觉不幸福的关键原因在于她们缺少一颗感恩的心，将所得当作理所当然，一味地苛求、埋怨生活。

我们常说，人生就是一场修行。所谓修行，其实就是修炼一颗感恩的心。人，空手来到这个世界，所以一切都是这个世界的恩赐。我们该感激，从内心感激身边的一切。不管是家庭的幸福，还是工作的稳定，我们都应该抱着感恩的心来享受，并且努力回馈。唯有如此，我们才能赢得别人的爱，并且赢得想要的幸福。

一个懂得感恩的女人，总能找到快乐的理由。因为懂得感恩的女人，一定善于接纳别人给予她的好，并懂得表达自己的欢喜和感恩。在待人接物上，她虽然不指望别人给自己种植一片森林，但人家却心甘情愿为她种植一棵洒满浓浓绿荫的树，让她在这片绿荫的庇护下活得幸福快乐。

曾看过一档火遍全国的歌唱比赛，入围的选手各个有实力，有特色，有梦想。几个女孩子乐观向上，从不哭诉自己的种种不幸遭遇，而总是笑盈盈地站在台上唱歌，然后微笑等待评委的点评。

其中一个女孩子说："有人问我为什么这么快乐，我为什么不快乐呢？我能唱喜欢的歌，我没有理由不快乐！"

其中一位评委直白地说："说实话，你不漂亮，身材也不好。"

对于一个女孩来说，这样的评价有些刺耳，但这个女孩并没有沮丧，而是平静地回答道："我的嗓子还能歌唱，我的大脑还能思维，我有终生追求的理想，有我爱和爱我的亲人和朋友。最重要的是，我还有一颗感恩的心。这就值得我唱下去，不是吗？"说完，笑容从她的嘴角荡漾开，一种傲然的神情溢满了她的脸。

评委笑着点头，台下掌声响起……

这样懂得感恩的女孩子，是不是比任何人都美丽？相信，她将来也定能获得属于自己的成功和幸福。

感恩是一种美德，一种能力，一种让自己幸福的神奇能力。当你有了感恩的心态，你就会发现，眼中所见的都是美好。

所谓幸福，就是常怀一颗感恩的心。以感恩心处世，足以让我们心怀喜悦而生活幸福。

朋友们，修炼自己的感恩之心吧！当你带着这份感激之心生活，就会惊喜地发现，你的内心会逐渐变得平和，时常洋溢着淡淡的喜悦，之后，你和父母的关系和谐了，周围的朋友多了，遇到的好事一个接一个，生活也发生了很大的改变。